創見文化，智慧的銳眼
www.book4u.com.tw　www.silkbook.com

U0073722

創見文化，智慧的銳眼
www.book4u.com.tw　　www.silkbook.com

Thirty-one principles
in the workplace
that you must know.

職場
生存
解答書

走跳職場的31條自救心法

心理諮商師
職場教練 **葉惠瑜**——著

國家圖書館出版品預行編目資料

職場生存解答書：走跳職場的31條自救心法 / 葉惠
瑜 著. -- 初版. -- 新北市：創見文化, 2019.08 面；
公分. --　　　　　(成功良品；108)

ISBN 978-986-271-864-3 (平裝)

1.職場成功法

494.35　　　　　　　　　　　　　　　108008329

成功良品108

職場生存解答書

出版者／創見文化
作者／葉惠瑜
總編輯／歐綾纖
文字編輯／牛菁　　　　　　　　美術設計／Mary

本書採減碳印製流程，碳足跡追蹤，並使用優質中性紙（Acid & Alkali Free）通過綠色環保認證，最符環保要求。

郵撥帳號／50017206 采舍國際有限公司（郵撥購買，請另付一成郵資）
台灣出版中心／新北市中和區中山路2段366巷10號10樓
電話／（02）2248-7896　　　　　　　　傳真／（02）2248-7758
ISBN／978-986-271-864-3
出版年度／2019年8月

全球華文市場總代理／采舍國際
地址／新北市中和區中山路2段366巷10號3樓
電話／（02）8245-8786　　　　　　　　傳真／（02）8245-8718

全系列書系特約展示
新絲路網路書店
地址／新北市中和區中山路2段366巷10號10樓
電話／（02）8245-9896
網址／www.silkbook.com

本書於兩岸之行銷（營銷）活動悉由采舍國際公司圖書行銷部規畫執行。

線上總代理 ■ 全球華文聯合出版平台 www.book4u.com.tw
主題討論區 ■ http://www.silkbook.com/bookclub　　　● 新絲路讀書會
紙本書平台 ■ http://www.book4u.com.tw　　　　　　● 華文網網路書店
電子書下載 ■ http://www.silkbook.com　　　　　　　● 電子書中心

Ｂ 華文自資出版平台　　全球最大的華文自費出版集團
www.book4u.com.tw　　專業客製化自資出版・發行通路全國最強！
elsa@mail.book4u.com.tw
iris@mail.book4u.com.tw

人的一切行為由心理決定！

美國著名成功學大師拿破崙‧希爾（Napoleon Hill）曾說：「一個人最大的生存痛苦不是飢餓，而是來自於各種危機的不斷折磨。」這段話無疑是很多人步入社會後的心靈寫照，尤其在面對各種現實挑戰陸續逼近的時刻，更是常常湧上一種「人在江湖，身不由己」的感觸。

對那些二十多歲的年輕人來說更是無所適從，他們剛從校園步入社會，不僅面對的環境發生了變化，角色和人際關係也跟著改變了，開始接觸到許多從未經歷過的事情，在出社會前，他們的責任是唸書，世界是以他們為中心，但是一旦踏進職場，他們不但要會做事，還得會做人，才能安好地生存下去。

凡是有點社會經驗的人都知道，在快速變動的現代社會，很多事情不能只從表面上去理解，往往是假裡摻著真、惡中夾雜著善、醜裡看出美，當每個人都渴望取得優勢的生存條件時，競爭意識總是容易被放大擴張，而令許多人焦慮的是：「為什麼在與別人競爭

的過程中，我彷彿竭盡全力也難以超人一等，老是有處於下風的無力感？」這也反應出現代職場人普遍存在的心理焦慮，以及對於自己在工作、生活、人際社交等問題上的困惑。如果每個人能在二十多歲時就瞭解一點心理學知識，在做人處世方面將會受益頗多，它能讓你看清事物的本質，瞭解自己的情緒，讀懂他人的內心，最終懂得與人和諧相處。

　　或許會有許多人認為心理學與我們的生活沒有多大關係，其實心理學在現實生活中有很強的實用性。科學研究指出，人的行為是由人的心理所支配的。許多紛繁複雜的行為都可以從心理學的角度得到合理的解釋，只不過人們不瞭解罷了。而每個人一言一行的背後，往往也是含有深層的心理奧祕，甚至連當事人自己也未必知曉。因此，懂得必要的心理學知識，對於我們在社會上走跳、做人做事都有很大的幫助。

　　社會是由眾人所組成，而人們的行為背後又受到心理規律的影響，這意味著無論是職場上的競爭合作、社交生活的交際手腕、個人生活方式的選擇，乃至於各類生活現象都潛藏著心理力量，通常這些心法，可以幫助我們更有效地處事為人，因此理解各種現象的產生原因，以及人們行為背後的心理活動，不僅有助於我們從不同角度看待周遭的人事物，還能有助於完善自我性格，促進人際和諧，改善思維方式，進而提高做事的能力和效率。例如，作為一名

職員，如果你能掌握心理學定律，你就能迅速適應自己在公司裡的角色，充分融入職場生活，應對處事更能得心應手。又或者在你當上主管職後，若是你能善用心理學定律，你就能更有效率地瞭解員工的心理和需求，適時挖掘其潛能。

其實，我們一直生活、工作在這些心理學定律裡，無時無刻不受其影響和指導，只是我們不明白其中的緣故罷了。我們來看看以下的例子，相信不少人在進入職場兩、三年後，都曾經這樣迷惑地問過自己：

➤「自工作以來，我埋頭苦幹，認真努力工作，為什麼就是得不到上司的器重？」——這是因為他們不知道什麼是「蘑菇定律」。對於職場新人來說，一般都會像蘑菇一樣會先被安置在不起眼或不受重視的部門，做些打雜跑腿的工作。如果你懂得以平常心和感恩學習的心去面對，不過早外放自己的鋒芒，做「蘑菇」該做的事，相信很快你就可以突破這樣的困境。

➤「為什麼我工作非常賣力，卻無法達到預期的效果或者收效甚微？」——這是因你不懂得運用「帕雷托法則（80/20法則）」來應對。通常我們所做的工作中有八成是不會帶來成績的，只有二成是有效果的。如何避免這種情況發生？80/20法則告訴我們，如何創造工作時間的最大產值，就是要把主要精力放在20％的工作上，讓其產生80％的成效。

➤「為什麼周圍的人都那麼優秀，而我卻如此平庸？」——這是因為你不懂什麼是「馬蠅效應」。沒有馬蠅叮咬，馬就會慢慢地走；如果有馬蠅叮咬，馬就不敢偷懶，跑得飛快。人也是一樣，適當地給自己一些激勵和刺激，才不會令自己鬆懈，才能不斷進步。

這些心理學定律都是由無數心理學家、成功學家、社會學家經過實踐和實驗總結出來的，這些智慧結晶可以被我們所運用，成為我們成功路上的助力，如果你不懂得運用，就會錯失許多良機。所以說，你是否主動去瞭解這些心理學定律、心法，將關係到你人生的成敗和生活的苦樂。

本書將會告訴你心理定律的無窮奧妙，共介紹了破窗理論、墨菲定律、手錶定律、羊群效應、路徑依賴法則、蝴蝶效應……等31個最值得參考與學習的黃金定律。這些經典定律，經過時間的考驗，多少名人運用其精妙而功成名就，是你繞過失敗，走向成功的生存指引，能豐富你的社會常識，讓你在職場、朋友圈中看懂他人，與他人和諧相處，處事應對都能圓滿順心。

本書共分為五大篇，依序從個人自信建立、人際關係經營、職場生存、工作方式、超越自我為主題，分章闡述最有效的黃金生存心法，以結合案例故事的方式，深入淺出地提煉了各心法給我們的

啟示，帶領讀者一起探討如何在日常生活中有效應用這些心法，幫助讀者積極地思考和行動，導正正確的生活觀和生活方式，知道在什麼情況下該如何做。此外，各心法之後還為讀者準備了相應的應用技巧及心理測驗，能幫助你更準確地定位自己、了解自己，在重新審視、適度調整之下，一定能為你的人生帶來一些良性改變。

　　希望讀者能透過本書認識到心理定律神奇的力量，積極活用這些黃金心法可以改變我們舊有的思維，並指導我們如何在生活中更有效率地趨利避害，在職場路上過關斬將，從而改變你的格局與命運，你的人生將更加幸福、美好，將來才不會怨嘆、後悔一輩子。

作者　謹識

Chapter 1
自信乃成功之本，
人生勝組必讀的七大定律

美國思想家愛默生（Ralph Waldo Emerson）曾說：「自信是成功的第一祕訣。」自信沒人能給，心態要自己栽培。這也意味著要想成為人生勝利組的第一步，必須從「我相信我可以」的信念開始！

Chapter 2
人際關係決勝負？
必須懂的社交達人練成術

根據美國史丹佛國際研究中心（SRI International）的研究調查指出，人們賺取的財富有12.5%來自知識，87.5%來自人際關係；落差懸殊的數據，並非是指知識無用，而是凸顯出社交關係的重要性。

Chapter **3**

掌握職場生存定律
讓你不再是辦公室雜草

IT產業名人比爾・蓋茲（Bill Gates）曾說：「這世界並不會在意你的自尊。這世界指望你在自我感覺良好之前，先要有所成就。」出社會進入職場後，你要多快才能從菜鳥變成獨當一面的強者？

Chapter 4　想要事半功倍？
善用超效能工作定律就對了

「勤勞不一定有好報，關鍵是要學會聰明工作。」美國時間管理之父雷肯（Alan Lakein）的中肯名言，讓不少職場人士心有戚戚焉。在追求效率至上的職場中，為自己建立聰明便捷的工作秩序，才能讓工作完成得又快又好又正確！

Chapter 5　真金不怕火煉，
幫助你超越自我的經典定律

有句格言說：「失敗者任其失敗，成功者創造成功。」面對人生低潮、事業瓶頸時，你該做的不是暗自垂淚，憤怒不平，而是從考驗中提升自我、超越自我，昂首邁進。

Chapter
· · ·

1

自信乃成功之本，
人生勝組必讀的七大定律

The principles of life you must know
in your twenties.

美國思想家愛默生（Ralph Waldo Emerson）曾說：「自信是成功的第一祕訣。」通往成功人生的道路上，各種挑戰經常迎面來襲，唯有堅信自己能克服難關，才能在現實考驗的淬鍊中成為最終贏家。這也意味著要想成為人生勝利組的第一步，必須從「我相信我可以」的信念開始！

——高學歷的人，通常工作能力也很優秀。

——長相英俊、漂亮的人，腦袋應該也很靈光。

——知名人士推薦的商品值得信賴，品質有保證。

你是不是也這樣認為呢？

當我們嘗試判斷學歷與工作能力、長相與智慧、名人推薦與商品品質的連結關係時，對於以上的描述，有些人恐怕會嚴正反駁，但有更多的人在第一時間是抱持肯定態度。但事實並非完全如此，否則，又該怎麼解釋生活中的某些反例？像是被稱為蘋果教主的賈伯斯（Steve Jobs）並未擁有高學歷，但他的畢生成就被譽為傳奇故事，又好比某些知名人士代言的商品在市場上熱賣暢銷，不久後卻因商品出了狀況而引起消費糾紛。

儘管人們都自認為自己能理性地判斷外界的人事物，可是在日常生活中，如果面對一位名校畢業生，多數人在心裡會先預設他的工作

表現一定也相當優秀，而這種先入為主的想法卻常讓人判斷失誤，推演出錯誤結論。更重要的是，這一切都是無預警地自然發生。

月暈效應（Halo Effect）
感光圈讓你誤判情勢

　　事實上，人們常常在無意識的心理狀態下，以自己認知到的既有印象對外界事物做出概括推論，對於這種心理現象，美國教育心理學之父桑代克（Edward Lee Thorndike）於一九二〇年提出了「月暈效應」一詞作為解釋。

　　桑代克認為，人們對外界事物的判斷，常常是放大解釋了事物的局部特點，並且容易以偏概全，這就像是颱風前夕抬頭望月，當月亮周圍出現的暈圈不斷彌漫、擴散，人們便會感覺月亮比平日要增大許多。當一個人的某項優點獲得肯定，人們就會主觀地將「好感光圈」放大到對方的全部，從而給予對方高度評價，與此相反的，當一個人的某些缺點惹人厭惡，人們就會放大「厭惡光圈」，對他的評價會遠低於他的實際表現。最後乾脆否定對方的一切，這就是所謂的偏見。

　　很顯然的，月暈效應是個人主觀推斷的泛化、擴張結果，即使是在強調獨立思考、慎思明辨的今日社會，它的影響力也並未因此減

弱，反而還有所增強，諸如學歷至上論、明星的商品代言廣告、權威機構的調查報告、專業人士的評論等等，都是我們日常生活隨處可見的月暈效應例證。

📎 月暈效應後座力——讓品牌鍍金，讓國家振興

為什麼人們普遍相信權威單位發佈的資料，以及專家名人的評論，卻對鄰居、朋友閒談時提及的類似看法存疑？因為在月暈效應的作用下，權威單位象徵的是一種公信力，專家則代表某一領域的菁英份子，人們不由自主地就會在心裡對他們產生信服感，甚至全盤接受他們的說法。這也是為何業務員會利用科學報告向客戶證明自家產品優點的緣故，往往有了權威機構、專家陣營的背書，對於建立消費者的認同度就輕鬆多了。

我們再來看看商業活動的例子，國際知名運動用品廠商愛迪達（Adidas）也正是借助了月暈效應的正面影響，成功地躍向世界舞台。一九三六年，適逢德國柏林舉辦夏季奧運會，愛迪達創始人達斯勒（Adolf Dassler）順勢而為，將新推出的短跑釘鞋免費提供給田徑名將歐文斯（Jesse Owens）試穿，就在歐文斯摘下四面金牌的同時，他腳上的運動鞋也廣受眾人矚目，連帶地讓這款短跑釘鞋成為運動員的必備配備品。此後，愛迪達開始推行運動明星與奧運賽事結合的行銷策略，積極搶攻足球運動鞋的市場。

一九五四年，於瑞士首都伯恩舉辦了世界盃足球冠軍戰。穿著愛

迪達新款可拆式釘鞋的西德隊，在大雨中與強大的匈牙利隊交戰，由於可拆式釘鞋能因應天候、場地狀況更換長短釘，西德隊無疑比對手更能在泥濘的草地上獲得較好的抓地力。比賽來到最後半場，當西德隊踢入致勝一球後，評論員驚訝地沈默了數秒鐘之久，因為這一球完全是戲劇化的逆轉獲勝！這是西德隊首度奪下世界盃足球賽冠軍，也是愛迪達立基足球運動鞋市場於不敗的光榮一役，而自一九七〇年開始，愛迪達更成為了國際足聯的官方指定贊助商。

就在愛迪達刻意的操作下，在眾人的心目中，愛迪達的運動鞋似乎與「冠軍」有著某種必然的聯繫「穿上它就意味著獲勝」這種必然的印象聯繫，主要是源自於愛迪達對月暈效應的巧妙運用。然而，如果就此認為月暈效應只能在商業市場上作為行銷策略，恐怕就小覷了它的威力。對於愛迪達與德國來說，一九五四

歷史花絮

一九五四年，西德隊首度贏得世界盃足球賽冠軍的這場比賽被世人稱為：伯恩奇蹟（The Miracle of Bern），而二〇〇三年時，德國導演拍攝了同名電影，作為當年提供運動用品的贊助商，愛迪達的足球鞋軼事自然也收羅其中。

年的世界盃足球冠軍賽，都是值得標誌的里程碑；愛迪達建立起不衰的品牌形象，獲得了重要的市場定位，而德國則因苦戰奪下冠軍寶座的「榮耀感光圈」，開始擺脫昔日的政經陰影，在逆境中重新建立起二戰過後的國家自信心。可見月暈效應的強悍威力，不僅能左右一個品牌的市場存續，同時也能影響一個國家的命運。

月暈光圈下，你是明日之星，還是無用廢柴？

我們不難發現月暈效應在日常生活中無孔不入，小從購物消費、大至國族信心，只要仔細檢視都能探查到它的蹤影，但也正因如此，我們更不能忽略一個真理——凡事都有一體兩面。善用月暈效應雖能讓人獲得正面回饋，可是一旦落入以偏概全的陷阱，它也會為人們帶來負面的心理衝擊，特別是年輕上班族剛步入社會展開白熱化的人生競爭時，多數人會開始比往常更在意外界的評價，往往別人的一句讚美、一句批評，很可能就是天堂與地獄的心境差異。

月暈效應之所以也稱為光環效應、成見效應，主要是因為它在人們評價人事物時最易發生作用。像是我們常說的「情人眼裡出西施」因被對方某一點所吸引，而覺得她什麼都好。是典型的一美遮三醜。我們常會將一個人具備的某個特點擴大或泛化到其他層面，如同對方遞上寫滿頭銜的名片時，上頭任何一個管理職稱的光圈，就能使人產生「這人很厲害、很成功」的印象，然而有些時候，擁有頭銜並不等同握有實質權力。也就是說，如果根據少量的局部資訊建構對這個人的大概印象，造成我們無法客觀評價他人，同樣的，別人也難以實事求是地對我們做出評價，如果我們沒有看透這一點，就會輕易被外界評價所綁架。

當別人批評你、斥責你時，無論是接受指教或澄清辯駁，都應避免落入以偏概全的月暈效應陷阱，意即不要因為外界的打擊而完全自我否定，失去自信，尤其是面臨職場挫折的時刻，更要留意月暈效應

的負面心理作用。有些人遭遇職場上的工作挫敗時，很輕易就自我懷疑、迷惘沮喪，彷彿長久以來的努力與表現都瞬間歸零，假若又遇到年齡增長的問題，可能會感覺屬於自己的時間、體力、競爭條件越來越差，想要東山再起的可能性也就變得越來越渺茫。日復一日，在嚴重焦慮感、絕望念頭的交相煎熬下，職場月暈效應的負面影響力就會形成一股強大殺傷力，不但讓人鑽牛角尖、抑鬱低迷，也讓人凡事負面思考，最終喪失鬥志和活力。

如果說過度在意批評會導致一個人自暴自棄，那麼，沈迷他人的讚美則容易使人不求進取。當別人讚揚你、稱許你時，千萬不要因此沾沾自喜或自我膨脹，你的頭腦應保持清醒，確認自己是哪一項特點獲得大家的肯定，然後持續向上提升，如果對方的稱讚讓你覺得內心不踏實，就應找出你認為不足的地方，設法揚長補短。一旦沈迷於他人的讚賞光環，志得意滿而忘了再追求成長，為你帶來了負面的影響，因為高度評價經常伴隨了高度期待，擁有某種榮耀感太久，只要一被人遺忘或被人否定，難免都會產生空虛失落、急躁不安的感受，無法自我調適心情的話，就會開始哀嘆自己懷才不遇、苦無表現機會、怨天尤人，嚴重影響個人的生活、事業與社交。

人生就像是一枚硬幣，挫折與喜悅同時並存，正如月暈效應也存在著正反兩面。我們經常透過外界反應來看見自己，因此外界的批評、讚美使人難堪痛苦或歡喜快樂，但每個人真正的價值未必輕易顯現在外在條件上，唯有讓自己對人、對事保持平常心，賦予自己與他人一個適當的定位，並且留意月暈效應帶來的認知偏差，才能在評價

自己和別人的時候，實事求是，考慮周全。更重要的是，無論處於人生的何種階段，我們都應了解自己有何可取之處，真實客觀地看待自己，避免落入以偏概全的盲點而導致難以彌補的錯誤。

月暈效應你可以這樣用！

① 提高觀點說服力

推銷商品、爭取合作對象、商務談判、尋求他人支持時，可以利用意見領袖、名人背書、科學報告、數據資料來佐證你的說法，往往透過這些象徵「權威」、「事實勝於雄辯」的印象光環，將會提高對方對你的信任感。

② 獲取對方好感與認同度

善用月暈效應，你可以在日常生活中為自己創造有利條件。自我推薦、工作面試、參加競爭選拔、比案時，適度突顯你的「特點光圈」可以加深對方對你的印象，比如面試時談及專業訓練認證、業界年資、學經歷、優秀的工作成績、獨特長處，將能吸引主考官的注意力，但切忌表現得誇大不實、傲慢自負，以免引發月暈效應的負面效果。

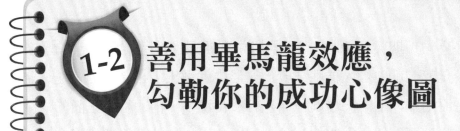

1-2 善用畢馬龍效應，勾勒你的成功心像圖

有一則寓言故事是這麼說的，某天農夫將撿到的一顆鷹蛋交給母雞孵化，當小鷹破殼而出後，牠很自然地與小雞們一起長大。有一天，小鷹抬頭看到天空有隻老鷹飛過，很感嘆地說：「如果我能像牠一樣高飛在天空遨翔該有多好。」母雞立即說：「那是不可能的！你是小雞。」其他小雞也說：「對啊，就算你長得跟我們有點不同，但你還是小雞啊。」久而久之，小鷹也相信自己是不會高飛的小雞，結果終其一生都不曾展翅高飛過。

在日常生活中，故事裡的小鷹情節也發生在許多人身上，類似「說你行，你就行；說你不行，你就不行」的經驗更是不勝枚舉。例如出社會選擇工作時，因為別人不經意的一句話：「你不適合這份工作」，結果就真的熬不過試用期而打了退堂鼓，或是上台報告前，旁人一句「你絕對沒問題」的加油打氣，忽然間就增添了無比信心，台風表現得也比往常穩健。然而令人好奇的是，他人的預期與評斷為何會產生近乎預言般的效果呢？

心理學家認為，這是因為「畢馬龍效應」所導致的心理影響。當

人們接收外界的預期與評斷時，也會同步接收言談間所蘊含的心理暗示力量，於是我們就會像被催眠一般，無形中就做出了相應行為，並且讓事情往原始預期的方向發展，而在一般情況下，內心抱持正面的期望有助於我們採取積極進取的行動，相反的，抱持負面的期望則容易讓人言行消極。

What is it?

畢馬龍效應（Pygmalion Effect）
讓人成為先知預言家

畢馬龍效應一詞是由美國知名心理學家羅森塔爾（Robert Rosenthal）所提出，因此也稱「羅森塔爾效應」、「期待效應」。一九六八年，羅森塔爾與實驗小組進行了一項教學實驗，他們先是讓某小學的全體學生進行智力測驗，事後再提供一份特定名單給相關的教師。實驗小組宣稱，經過專業鑑定後，名單上註記的學生都被認定為擁有高智商、具有強大的學習潛力，但儘管如此，教師們務必對這份名單保密，不能對外洩露。八個月後，實驗小組進行追蹤發現，特定名單上的學生不但成績大幅提高，求知欲望強烈，就連與教師的感情也特別深厚，然而，這份名單其實是隨意擬定的，完全沒有依據智商測驗的成績進行篩選。

對於這樣的實驗結果，羅森塔爾認為老師們因為相信實驗小組提供的特定名單，轉而對名單上的「資優學生」也寄予高度期望，因此除了會在課堂上給予學生更多的關注外，也運用了各種方式傳遞「你很優秀」的訊息，而學生在感受到教師的關注與激勵後，對於課業學習便充滿動力與信心，成績表現自然也較為優異。

以實驗結果來說，當老師對學生的期望加強，學生的表現也會相對加強，而這背後透露出來的精神意涵也與一則希臘神話故事相類似。相傳塞普勒斯國王畢馬龍是位雕刻家，他情不自禁地愛上了自己雕塑的少女雕像，不但每天與她交談，也期望她有一天能變成真的人，最終愛神回應了他熱忱的期望，施法賦予雕像生命，畢馬龍也就與少女結為夫妻。於是，羅森塔爾便引用了這則典故，將這次實驗結果命名為「畢馬龍效應」。

畢馬龍效應突顯出一個人的情感、觀念、行為會受到他人下意識的影響，特別是人們面對自己喜歡、欽佩、信任和崇拜的對象時，更容易接收到對方的影響和暗示，因此無論出於有意或無心，一旦對他人投射期望，並且傳遞給對方知道，就會讓對方表現出相應於期望的特性，導致預先的心理期望在個人往後的行為中獲得驗證，繼而出現「說你行，你就行；說你不行，你就不行」的現象。

啟動卓越模式，對自我抱持積極期望

在現實生活中，畢馬龍效應所挾帶的心理暗示力量，除了能運用於教學、組織管理等領域，也十分適用於個人成長。每個人的潛意識裡都會對自我有所期望，例如我想成為什麼樣的人、我要過什麼樣的生活、我希望工作事業上有何種成就，而這些想法就是一種自我期許的心理暗示，往往它能幫助我們思考自己的人生規劃與未來願景，同時思索應該採取哪些行動才能實現目標，不過相較於自我內在的預期暗示，多數人顯然較容易接收到外界的預期暗示。

當一個人長期處於不受重視、不被鼓勵，甚至是充滿負面評價的環境中，若是本身心靈不夠堅強，自信心又薄弱，多半就會萌生負面思考，而對自己做出比較低的評價；與此相反的，當一個人長期處於充滿信任和讚賞的環境中，就比較容易受到啟發和激勵，思考方式、行動模式也將表現得積極而正面。由此可見，不管是正面或負面的預期暗示，只要一旦心靈接收到這些指令，就會產生無邊威力，左右人們的信念和行為。

許多科學實驗結果證明，正面暗示能夠幫助我們成功，負面暗示則會阻礙我們的發展，而無論是外界的預期或個人的自我期許，只要一個人認為自己什麼也做不到，他就會自我設限，最終一事難成，但如果認為自己能發揮獨特的特點或優勢，而且讓這種自我期許隨時佔據心靈，就能激發巨大的能量，引導個人逐步邁向成功。因此，不要害怕對自己抱持積極期望，即便面對外界的看衰，以及種種不看好的

言論時，與其接受負面的心理暗示，折損自己的信心，不如正視自我價值，為自己找尋進取之道。就像美國NBA新星「哈佛小子」林書豪，就算不被看好，依然能創造自己的傳奇。

人生艱難嗎？看看肯德基爺爺的故事吧

在人生過程中，每個人都會面臨不同階段的生活考驗，例如校園時期為學業努力，出社會後為工作奮鬥，年過四十又要面對各類型的中年危機，但如果總是拒絕相信自己有能力過得更好，很容易就會限制了自我發展，這樣就可惜了，而畢馬龍效應帶給人們的重要啟示，就是——善用積極的心理暗示，幫助自己取得前進動力！尤其在陷入困境、面臨人生低潮期的時候，一個能妥善運用畢馬龍效應的人，往往能以積極的心理暗示自我激勵，同時採取正向態度化解難題，好比跨國連鎖餐飲店肯德基炸雞（Kentucky Fried Chicken，KFC）創辦人的故事，就是最典型的例證。

只要行經肯德基門市，人們都會注意到店門口擺放著一尊身穿白色西裝、繫著蝴蝶領結、面帶微笑的老爺爺塑像，由於塑像的形象鮮明討喜，許多人也將之暱稱為肯德基爺爺，而塑像的原型人物正是創辦人桑德斯（Harland David Sanders）。桑德斯在創辦肯德基之前，並沒有什麼非凡成就，最後甚至必須依靠社會救助金過活。

對於許多人來說，依靠社會救助金過活並不是件值得高興的事，如果再更了解桑德斯的人生經歷，箇中的挫折感恐怕更令人難以承

受。他幼年喪父，隨著母親進入新家庭卻不受歡迎，後來還成為了中輟生，而孤身一人努力生活許久，好不容易在中年時期依靠著烹調雞肉的廚藝，慢慢地成為一家汽車旅館餐廳的廚師，可惜好景不長，因為公路修建計畫，汽車旅館不得不停止營業，他也頓時失去經濟收入。當桑德斯拿到生平第一張救助金支票時，支票上微薄的一百美元也彰顯出一個痛苦事實，他不但沒收入、沒存款，還是個頭髮花白、就業條件受限的六十六歲老人。

此時的桑德斯並沒有放任自己沈溺在負面情緒裡，他開始思考自己的價值和自己還能做什麼。他想到以往餐館的客人們都喜愛他的雞肉料理，他精心設計的烹調方式與獨家香料祕方，更是讓雞肉料理更加美味，如果能好好利用這份炸雞祕方，自己應該很快就能東山再起！幾經思考後，他決定拜訪每家餐館，說服他們採用炸雞祕方，只要餐館每賣出一份炸雞，他就抽取五分美元。這個計畫構想與一次賣掉炸雞祕方相比，似乎要來得具有長遠發展性，但就在挨家挨戶去推薦後，回應桑德斯卻是許多嘲諷與譏笑，許多人質疑他的祕方如果真能賺錢，他又怎會落魄到開著破舊老爺車到處吃閉門羹？

歷史花絮

一九八○年桑德斯病逝時，以其廣為周知的白色西裝、蝴蝶領結裝扮入殮。長達半世紀的時間，桑德斯的白色西裝造型深植人心，這也使得肯德基的商標肖像圖具有顯明辨識度，而在肯德基最新版的商標肖像圖中，桑德斯雖然脫下了西裝外套，換穿紅色圍裙，臉上的微笑與親和力依然魅力不減。

正如莎士比亞所說：「如果我們將自己比作泥土，那就真的成為

別人踐踏的東西了。」桑德斯即便遭受無數次的拒絕與奚落，依然深信自己的炸雞祕方具有商業價值，他欠缺的或許是被人賞識的機會，也或許是更好的說服技巧，於是他用心修正每一次的說詞，以便能更有效地與下一家餐館溝通。在歷時兩年，經歷一千零九次的拒絕後，他終於聽到第一聲「我同意」，此後，越來越多餐館與飯店採用了他的炸雞祕方，他也逐步建立起自己的事業王國。

　　桑德斯的成功絕非僥倖，他的真實經歷告訴我們，無論處於哪一個人生階段，面臨生活關卡時，我們都應充分肯定自我價值，並且要善用畢馬龍效應的正面影響力，給予自己積極的心理暗示，期許自己能以智慧與勇氣解決問題，往往隨著自我激勵，我們就能保持正向思考，激發潛能，只要不半途放棄努力，堅持想要成功的決心，就算你破產、失業、負債累累，還是可以再度站起，開創人生新局。

 ## 大膽預想你的成功心像

　　命運取決於性格，思考則決定了行動。很多時候，人們總是預想自己是個失敗者，導致想法悲觀，行為消極，甚至讓自己甘於平庸，隨波逐流，而在人才輩出、競爭日趨激烈的社會裡，一個窩在角落中不求表現的人，形同拒絕了所有可能成功的機會，唯有勇於表現自我，積極進取，才能打造屬於自己的成功舞台。

　　你對自己有什麼期望？你的理想人生是什麼模樣？你能否揮別過去挫敗的陰影再度出發？從這一刻起，你應該期許自己成為人生的

勝利者，並且大膽預想自己的成功畫面，因為積極的心理暗示力量，將會協助你將個人的身心狀態調整為成功者模式，進而能堅強你的意志，幫助你逐步朝向成功目標邁進。

畢馬龍效應你可以這樣用！

① 自我激勵，帶動成長

當你給予自己積極的預期暗示時，內心會充滿信心與勇氣，進而帶動正面的思考模式，自發性地追求更好的境界。例如預想自己「我一定能成為優秀的業務員」，遇到銷售難題時，你的思維就會是「我該怎麼改善問題」、「我能如何有效運用資源」，這不僅能激發「越做越好」的潛能，也能啟動工作過程中的良性循環。

② 激發團隊合作精神

無論是領導員工、組員或是與同事共事，善用畢馬龍效應中的正向預期影響，給予合作對象鼓勵與肯定，同時重視每個人的貢獻，除了可以建立、提升雙方的互動關係外，也能讓團隊成員在和諧、信任、獲得尊重的氣氛中，各自發揮最大潛能，共同創造最佳成果。

Let's test! **在職場上你有成功的潛質嗎？**

請回答下列每一個問題，如實反應你內心的想法。

___**1.** 快樂的意義對我而言會比金錢來得重要。

    A、非常同意   B、有些同意

    C、有些不同意   D、不同意

___**2.** 假如我知道這項工作必須完成，那麼工作的壓力和難度並不能困擾我，我會盡己所能去達成。

    A、非常同意   B、有些同意

    C、有些不同意   D、不同意

___**3.** 有時候成敗的確能論英雄。

    A、非常同意   B、有些同意

    C、有些不同意   D、不同意

___**4.** 我對犯錯非常認真看待，並嚴厲譴責。

    A、非常同意   B、有些同意

    C、有些不同意   D、不同意

___**5.** 對我而言，我的名譽極為重要務必要維護。

    A、非常同意   B、有些同意

    C、有些不同意   D、不同意

_____6.　常識和良好的判斷對我來說，比了不起的點子更有價值。

　　A、非常同意　　　B、有些同意

　　C、有些不同意　　D、不同意

_____7.　我的適應能力非常強，知道什麼時候將會改變，並為這種改變
　　　準備。

　　A、非常同意　　　B、有些同意

　　C、有些不同意　　D、不同意

_____8.　我的工作情緒很高昂，我有用不完的精力，很少會有沒勁無力
　　　的感覺。

　　A、非常同意　　　B、有些同意

　　C、有些不同意　　D、不同意

_____9.　我有些興趣和愛好花費很高，而且我有能力去享受它。

　　A、非常同意　　　B、有些同意

　　C、有些不同意　　D、不同意

_____10.　一旦我下定了決心，就會堅持到底。

　　A、非常同意　　　B、有些同意

　　C、有些不同意　　D、不同意

_____11.　我會很認真、謹慎地將時間和精力花在某一個計畫上，如果我
　　　心裡明白這個計畫會為我帶來積極和正面的成效。

　　A、非常同意　　　B、有些同意

　　C、有些不同意　　D、不同意

_____12. 我非常喜歡別人把我看成是個身負重任的人。

　　　　A、非常同意　　　B、有些同意

　　　　C、有些不同意　　D、不同意

_____13. 我寧願看到一個方案為了更好而延誤，也不願毫無計畫、無組織地隨便完成。

　　　　A、非常同意　　　B、有些同意

　　　　C、有些不同意　　D、不同意

_____14. 我以能夠正確地表達自己的意思為榮，但是我必須確定別人是否能正確地理解我。

　　　　A、非常同意　　　B、有些同意

　　　　C、有些不同意　　D、不同意

_____15. 我是一個團隊的成員，我認為讓自己的團隊成功比獲得個人的認可更重要。

　　　　A、非常同意　　　B、有些同意

　　　　C、有些不同意　　D、不同意

算一算你的得分吧：

題號	A	B	C	D	題號	A	B	C	D
1	0	1	2	3	9	3	2	1	0
2	3	2	1	0	10	3	2	1	0
3	2	3	1	0	11	3	2	1	0
4	1	3	2	0	12	3	2	1	0
5	3	2	1	0	13	3	2	1	0

6	3	2	1	0	14	3	2	1	0
7	3	2	1	0	15	3	2	1	0
8	3	2	1	0					

★ 0－15分：

成功的意義對你來說，是圓滿的家庭生活和豐富的精神生活，並不是追求至高無上的權力，同時也是因為你能從工作之外得到成就感，因此，可能不適合或是不會想去追求公司的最高位，建議你可以將精力專注在實現自我的目標上。

★16－30分：

也許你根本就沒想到要去爭取高位，至少目前是如此。你其實已經具備了成功的素質與能力，但是你還不準備做出必要的犧牲和妥協。這個傾向可以促使你尋找途徑來發展跟你目標一致的事業。

★31－45分：

你有獲得權力和金錢的潛質與傾向，要爬上任何一個組織或企業的高層對你來說是比較容易的事情，只要你有心，你通常就能辦得到。

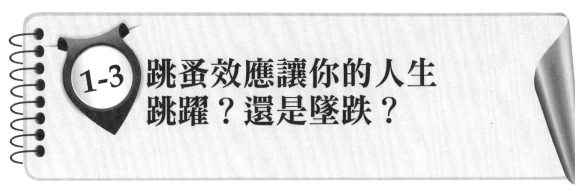

1-3 跳蚤效應讓你的人生跳躍？還是墜跌？

現在的你幾歲了？五年後、十年後，你希望自己成為什麼樣子？你滿意目前的生活嗎？你的人生目標實現了嗎？還是你對自己的人生目標仍感到茫然？

哈佛大學曾對一群年輕人進行長達二十五年的追蹤調查，記錄他們各自的人生發展。這些受調查的對象在智力、學歷、生活環境等客觀條件上都相差無幾，不過二十五年過後，調查報告卻出現了四種不同的發展結果。

有60%的人處於社會的中下階層，他們擁有穩定的工作與生活，但以經濟條件來說，並不富有卻也不貧窮，而一旦失去生存的競爭力，很可能就會成為社會低層人士；有27%的人處於社會最底層，他們的工作與生活充滿不穩定因子，日子經常陷入苦苦掙扎的窘境；有10%的人處於社會的中上階層，他們是各行業中的專業人士，較少為工作與生活煩惱；僅有3%的人成為社會各界中的頂尖人士，擁有令人稱羨的社經地位。

調查報告的結果令人不禁要問：是什麼因素造成客觀條件相同的人，卻有不同的人生發展？答案是：「有什麼樣的目標，就有什麼樣的人生。」對人生目標茫然、甚至沒有任何預期的人，往往就會過著隨波逐流的日子，而那些對自己的人生目標有清晰、長遠規劃的人，多半會設法實現目標，只要過程中堅持到底，通常都能取得預期的成果。

人生是一段會遭遇各種路況的長跑，而人們對目標地點的設定將會決定奔跑的方向。只是儘管多數人都認同設定人生目標具有重要性，也願意為實現目標付出努力，但過程中卻常受到「跳蚤效應」的影響而自動放棄，進而得出「我這輩子就只能這樣」的消極結論。

跳蚤效應（Flea Effect）
決定了人生的高度

What is it?

跳蚤效應源自於一次有趣的生物實驗。生物學家發現跳蚤的彈跳能力十分驚人，一隻成年跳蚤可以跳出超過自己身長350倍的距離，而經過測量後，跳蚤能橫向跳躍約3公尺遠，上下最高則能跳至1.5公尺高。後來，生物學家將跳蚤裝進高度只有30公分的廣口瓶中，並且用透明玻璃片蓋住了瓶口，剛開始時，跳蚤會拚命地想往外跳，可是屢

屢因撞上玻璃片而碰彈到瓶底，五分鐘過後，當生物學家將把玻璃片移開，跳蚤雖然繼續跳躍著，但直至生命結束為止，牠卻再也不曾跳超過30公分的高度了。

這個實驗結果顯示出，跳蚤受到了玻璃片阻隔的限制所制約，因此即使拿開了玻璃片，也會因為習慣了先前的阻礙，自動將跳躍高度調低。事實上，不僅跳蚤如此，人們在遭遇阻礙與考驗時，也經常會設下自認為無法打破的屏障，進而被動地改變或是放棄自己的既定目標，這也就是為何有些人能達成目標、實現抱負，但有些人老是原地踏步、過著半調子的人生。

別急著為人生目標加上玻璃蓋

美國成功學大師拿破崙・希爾（Napoleon Hill）認為，生活中最困難的是確認自己要追求什麼目標。面對社會大環境，人們擁有很多機會去做出諸多選擇，不過許多時候人們會依照社會標準、他人期望來定義自己的人生目標，而忽略了真正的自我需求。所謂的人生目標意即你終生所追求的目標，你可以問自己幾個問題，比如我想在我的一生中成就何種事業？日常生活中哪一類的成功最能帶給我成就感？我的理想是什麼？我希望成為怎麼樣的人？當你能用簡單的句子描繪出你的人生目標，接下來，就是制訂計畫，付諸實行，並發現問題，解決問題，突破一切阻礙。

每個人一生中總有許多的目標與抱負，可是許多人常因內心害怕

失敗、預設自己能力不足、擔心被人譏笑是在做白日夢，所以不敢為自己制定一個高遠的奮鬥目標，即使這麼做並不會帶來風險與損失，而有些人縱使有個目標，卻又容易像廣口瓶中的跳蚤一樣，因為外力的一時阻礙而自我放棄，美國前總統羅斯福說：「沒有你的同意，沒有人可以讓你覺得你低人一等。」所以，請大家想一想如果你具備了摘取星星的能力，為什麼老是要彎腰撿石頭呢？

當我們思考如何制訂人生目標時，經常會考慮到可能面臨的執行困難點，而無論那些困難是出於想像還是基於事實，一旦欠缺征服問題的勇氣、畏懼目標實現後要承擔的責任，遇到困難習慣自我設限，急著為自己的處境加上玻璃蓋，這樣就難以將思慮放在「如何化解障礙」上，做起事情也就容易退縮不前，實現目標的機會自然十分渺茫。

事實上，在企圖實現人生目標的過程中，對於可能遭遇到的困難與挑戰，我們應該避免受到跳蚤效應的負面影響，尤其是困境、阻礙當前的時刻，我們該思考的不是「我做不到什麼」，而是「我可以做點什麼」！正確、有方向地採取因應行動，永遠是取得成果的不二法門。

以鋼鐵般的意志，鋪設你的成功大道

遠大的目標敦促人們積極進取，但若僅有目標卻仍不夠，我們還必須有實現目標的堅強意志和決心，因為在追求目標的過程中，有時

Chapter 1 / 自信乃成功之本，人生勝組必讀的七大定律

終點看似距離遙遠，有時卻又在眼前忽隱忽現，彷彿目標與現實之間隔著難以逾越的鴻溝，唯有願意為跨越鴻溝付出艱苦的努力，才能不斷接近你的目標，看見遠方更美好的風景。

如果說遠大的目標是邁向成功的指南針，決心就是邁向成功的燃料；你的決心有多麼強烈，你就能爆發出多大的力量。當你有足夠強烈的決心去改變自己的處境時，你就會懷抱著熱火般的激情投身於既定目標，所有的困難、挫折、阻撓都無法阻擋你的前進，正如美國鋼鐵鉅子許瓦柏（Charles M. Schwab）曾說：「一個人如果能充分發揮他的熱忱，那麼面對任何事情他都能成功。」而他的親身經歷更是證明了這一點。

一九一二年，世界鋼鐵大王卡內基（Andrew Carnegie）以全美最高年薪一百萬的待遇，禮聘許瓦柏擔任卡內基鋼鐵公司的第一任總裁。消息一出，立刻轟動了美國企業界，但正當人們一窩蜂地討論許瓦柏能獲得卡內基青睞的原因時，卻不知道他早已為此努力甚久。

許瓦柏出身於貧寒家庭，十五歲就為了生活而輟學，成年之後，他前往卡內基所屬的一個建築工地求職。由於教育程度不高，又缺乏建築知識與經驗，他只能像多數人一樣從基層工人開始做起，不過與其他工人不同的是，他想在努力工作之餘找機會提升自己，所以經常利用空閒時段自學建築的相關知識。每當大家放工休息了，他總是趕緊找個安靜的角落看書，有些同事看到了還會故意挖苦他，但他認為早點讓自己的工作表現提升，不但可以賺取更多錢，還有機會獲得重用，甚至有朝一日能成為大老闆。這番雄心勃勃的言論，往往只是引

來工人們的大肆嘲笑。

對於出身貧寒的人來說，想改變自己的處境、階級翻身，除了要有力爭上游的企圖心外，最重要的是不放棄自己的理想和目標，否則加諸於身的嘲笑與輕蔑就會化為真實，因此許瓦柏不管其他人是怎麼嘲諷他，他仍然專注地為實現目標而努力。某天，公司經理到工地巡視，恰巧發現他在工地的角落裡看書，於是便走過去隨手翻閱了他的讀書筆記。隔天，經理把許瓦柏叫到辦公室詢問他：「我昨天看了一下你的筆記，你學那些東西做什麼？」許瓦柏回答說：「我想我們公司並不缺少工人，缺少的是有工作經驗、有專業知識的技術人員或管理者，所以我希望自己能多懂一些。」經理對他的回答相當讚許，不久後，許瓦柏便被提升為技師。

隨後，許瓦柏靠著自己的勤奮自學、工作熱情和管理才能，一路從總工程師晉升為總經理，日後更被卡內基任命為鋼鐵公司的第一任總裁，甚至創建了伯利恆鋼鐵公司（Bethlehem Steel Corp.），成為美國第三大鋼鐵公司的創始人。

從基層工人到鋼鐵公司創始人的人生奮鬥史，許瓦柏的這句話可說是最佳註解：「當一個人為自己的能力設限時，他也同時限制了自己的成就。」不管我們的人生目標是什麼，想要實現目標，少不了自我的努力與鞭策，而強烈的決心將能激發我們的潛能，同時避免在遭遇難關時就陷入跳蚤效應的不良影響，換言之，志在必得的堅定信念，將是行動主義者的堅實利器！

人生目標就是一道三角函數證明題

我們經常聽到有人說：「那些成功者花了很多時間才有今日的成就，但是我卻不知自己的付出是否會有回報，或者我應該換個人生目標比較好？」其實當我們想設立個人目標時，應該先分析自己目前的處境，唯有充分了解自己的能力和優缺點，選定合適的發展方向，確立出明確的發展目標，才不會像一艘走錯方向的輪船，縱使已經用盡所有燃料，仍然無法到達正確的目的地。

此外，我們還必須確認目標具有可行性，而不是流於天馬行空的幻想，因為不切實際的目標無法通過現實的考驗，反倒容易加深我們的挫折感。一旦確立目標後，就應為目標規劃出執行時間表，並且隨時追蹤進度，掌握做事效率，要是平時做事有拖延、懶散的習性，務必要求自我改進，否則這將會嚴重妨礙我們的進步。

一位有幾十年教學經驗的數學老師，曾經教授學生們解答三角函數證明題的技巧。在解題過程中，你首先要找到自己的目標，也就是你希望出現的結果，然後朝著這個目標，利用你已有的公式和條件，將結果一步步地拼湊出來，通常在這個過程之中，你就會想出許多新的解法和解題方向。相同的，在實現人生目標的過程中，許多難關與障礙的出現就好比是解開一道證明題，為了達到解題目標，我們應利用已有的條件創造機會，然後一步步地向目標推進；這正如跳蚤效應中的跳蚤，在遇到玻璃片的阻礙時，如果只想拚命追求高度，很容易就落得頭破血流的下場，可是若能靜心看清狀況，思考該以何種方式

解決困境，反而能聰明又安全地接近目標。

　　人生目標的設立與堅持，左右了人們的行為與生活。如果一開始你的心中便懷有最終目標，就會呈現出與眾不同的眼界，因此別害怕為自己設定遠大的目標，只要靠著強大的毅力、彈性思維去追求你所冀望的目標，你的人生也就成功一半了！所以，不要侷限自己，勇敢去想像，你的人生就會朝著那個方向走去！

跳蚤效應你可以這樣用！

① 警惕自己別替能力設限

　　遭遇難題與挑戰時，人們習慣用「困難重重」當作放棄努力的藉口，請隨時提醒自己不要像是廣口瓶裡的跳蚤一樣，遇到問題或打擊，就預設自己無法解決，自我設限。例如面對工作困境、推行新計畫，與其把思考侷限在困難點上，不如多花些腦筋想一想自己有哪些資源、哪些機會可以運用來克服問題，往往在這個過程中你能鍛鍊自己的創造力，進而大幅提升自己的能力。

② 彈性調整思維模式

　　遇到難關時，想想跳蚤效應中的跳蚤！如果不想像牠那樣盲目地直接攻擊，也不想乾脆放棄，你還有一個選擇，就是：花點耐心，尋找作法不同卻有同樣效果的解決方法，並且等候最佳時機出手。很多時候，所謂的沒辦法只是因為你還沒想到辦法！

Let's test ! 測一測你立足社會還差些什麼？

在一個假日的午後，你漫無目的地走在大街上，隨意佇足在一家電影院的電影看板前，看到一張以黑色電話為主圖的電影海報，你認為這張電影海報代表著什麼意思呢？

A、電話會牽引出這部電影裡中的一段關鍵情節。

B、電影開演時，首先出現的畫面，是由電話鈴聲展開劇情。

C、電影要結束前的最後一個畫面，以電話的鏡頭來暗示某種啟示。

結果分析

選Ⓐ：你有接受挑戰的勇氣，也期望自己可以在社會上出人頭地，成就自己的事業。雖然你很努力，但判斷力不足，這是你極需加強的部分。

選Ⓑ：雖然你對未來充滿自信，認為自己想做的事一定可以成功，但由於經驗不足，還是要多聽聽別人的意見比較好，以避免眼高手低，多問多聽才能確保你的事業路走得更順遂。

選Ⓒ：你內心徬徨不安，對現實生活有諸多迷惑，因此碰到自己該做的事，往往躊躇不前，甚至採取逃避的態度，害怕一旦失敗就會遭到他人的嘲笑，其實只要你多學習別人的長處，就能消除這樣的心理壓力。

1-4 了解基利定理，利用失敗作為成功導航器

成功是什麼？每個人的定義可能不盡相同，但害怕失敗的心情卻十分相似。

長久以來，我們被督促著要拿第一、要成為贏家，如果被人稱為loser，不但臉上無光，內心還會羞愧氣憤，結果多數人對成敗的看法也趨近極端──如果我不能成為天下無敵的贏家，就會是最差勁的輸家！然而在現實生活中，人們遭遇挫敗的次數往往超過得意的次數，如果你也是凡事抱持「只許成功不能失敗」的觀念，往往只會為你帶來深重的挫折感。

人生是充滿無數回合的戰鬥賽，成功者存活的利器不是天賦與才華，而是面對失敗時的態度與反應。遭遇挫折與打擊不是愉快的事，接受「我失敗了」的事實也比想像中困難；有些人會灰心喪志，對自己不再有抱負與理想，有些人則責怪社會不公不義、怨嘆自己懷才不遇，但也有些人把失敗當成常態，不僅從挫敗中汲取經驗，還將其轉換為成功的養分，徹底落實了「失敗為成功之母」的精神。沒有人喜歡當輸家，可是獲取贏家的榮耀之前，我們必須學會接納失敗，唯有

賦予失敗積極的意義，避免被負面情緒牽制，才能一步步邁向成功，而這正是基利定理向我們揭示的真理。

基利定理（Keeley Theory）
破除你的失敗恐懼症

美國德布林諮詢公司（Doblin Inc.）總裁拉里・基利（Larry Keeley）認為，不管是聲名顯赫的大企業，還是名不見經傳的小公司，希冀永不失敗是不切實際的事，而無論組織規模大小，有些企業就算經歷失敗仍能聲勢看漲，有些企業卻一蹶不振，岌岌可危，這兩種結局的決定性因素就在於——看待失敗的態度。

企業乃至於個人，想要締造耀眼成果，一定要能「容忍失敗」！若是遭遇打擊便棄械投降，或是擔心行動失利而退卻不前，就註定與成功無緣。

事實上，成功者之所以成功，就是因為具有坦然面對失敗的積極態度，他們深刻了解到失敗並非一無是處，只要懂得從錯誤中學習，並且回過頭來利用失敗經驗值，不被失敗所左右，那麼以往遭遇到的挫折、打擊、失誤都將讓下一次的行動更為完善。當我們能以正確的態度消除對失敗的恐懼，不僅能避免因為害怕挫折而失去企圖心、冒

險精神，也能從失敗中檢視錯誤，發現盲點，而藉此獲取的智慧與經驗，有效降低了未來的失敗風險，如此與成功的距離反而更加靠近。

價值三千萬美元的失敗經驗值，催生奇異戰果

　　眾多成功人士舉辦座談會、接受專訪時，聽眾或採訪者常常會對他們說：「請您分享寶貴的成功經驗。」這絕對是個好題目，因為多數人關注他們是如何成功的，但這時大家卻可能開始聽到他們分享失敗歷程，以及他們如何肯定失敗帶給他們的教訓。當然這讓不少人疑惑，每個成功者怎麼都命運坎坷，老是有一連串不斷失敗、持續挑戰的故事？更有趣的現象是，人們認為失敗者一無是處，但坐在講台上的成功人士卻在暢談自己的失敗者經驗，並且宣稱失敗具有正面意義。其實這正是基利定理所傳遞的重要精神：成功的智慧來自失敗的錘鍊，我們一心向成功者致敬的同時，也要懂得從失敗中學習。

　　許多時候，成功與失敗未必存有明顯的分界線，通往成功的道路上，失敗的經驗常是極為重要的路徑指引，就像被譽為「二十世紀最佳經理人」的前任美國奇異公司（General Electric Company，GE）執行長威爾許（Jack Welch），曾在早年的化學實驗爆炸案之中發現了一個道理：「犯了錯誤以後，最重要的事情就是鍛鍊。」這不僅促使他日後勇於對奇異進行組織再造，也讓奇異的股價翻漲三十倍，躋身全球百大企業之列。

　　一九六三年春天，奇異新化學開發部門的實驗工廠一如往常地運

作，未滿三十歲的威爾許也認真執行身為實驗工廠負責人的工作，但正當研究人員把氧氣灌入裝有高揮發性溶劑的水槽時，瞬間冒出的火花卻意外引發了爆炸！強大的爆炸氣流幾乎震翻了整棟工廠大樓，頂樓甚至沒有一扇窗戶是完好的，不幸中的大幸是安全措施有確實發揮作用，事故現場並無人員有重大傷亡。

面對爆炸後滿目瘡痍的現場，所有人心有餘悸，而威爾許更瀕臨了精神與信心的雙重崩潰；他

知道自己搞砸了，這一炸讓價值三千多萬美元的實驗設備、工廠大樓差點化為烏有，也炸毀了他未來的前途。事後，威爾許向長官李德（Charlie Reed）報告事故原因，並且提出善後事宜，但同時也做好被開除的心理準備，出乎意料的，長官並沒有憤怒拍桌叫他滾出奇異，而是關心他從實驗爆炸中學到了什麼教訓，相關實驗問題能否獲得解決，以及實驗計畫是否要繼續進行。

威爾許對李德的處理方式與領導風範大感震撼，同時也讓他獲益良多。從那次的爆炸事件中，威爾許了解到事情的成敗存有一定風險，當部屬執行任務失敗時，主管階層不一定要給予嚴厲斥責，有時

協助他們解決問題，理性地共同檢討缺失，重建他們的工作信心，反而能激勵他們找出更好的作法，勇於任事，更重要的是，這樣還能避免部屬害怕承擔失敗風險，產生得過且過的敷衍心態。這堂寶貴的機會教育課程影響深遠，日後威爾許大刀闊斧整頓奇異時，無論是鼓勵員工提出切身問題，或是敦促組織成員共同改正缺失，在在都推動了奇異的快速成長目標。

美國知名創業教練奈斯漢（John Nesheim）曾說：「造就矽谷如此成功的背後祕密，就是失敗！」矽谷充斥著數不盡的失敗案例，但它們同時又啟迪人們的智慧，帶動許多精彩點子的推展，而如果說成功都是由累積失敗、修正缺失開始，那麼容忍失敗、從錯誤中學習也就顯得格外重要。遭遇失敗時，不花腦筋地自艾自憐、放棄努力，固然讓事情容易得多，但最終並不能帶來益處，唯有善用失敗經驗值，思考下次要如何做才能成功，我們才有可能享用甜美的勝利果實。

成功需要經營，挫敗需要管理

成功就是挑戰自我極限、跨越各種失敗的過程，但通常遭遇失敗時，我們的理智上固然能理解「下次再努力」，但情感上卻未必能接受「我失敗了」，因此伴隨而來的負面情緒、失衡的身心狀態，有時會導致我們意志消沉、做事消極，甚至產生偏差心態。那麼，我們該如何避免被失敗引發的情緒所左右，克服挫折感所帶來的不良影響呢？以下提供五大要點供讀者們參考？

1. 不要搞錯狀況！釐清不良情緒的真正原因

　　無論是學業、工作、戀愛、婚姻或親子關係的挫敗事件，都會使人產生複雜的情緒反應，比如焦慮、緊張、煩惱、不安、恐懼、羞愧、憤怒、傷感等等，而這些情緒也容易影響生理，使得人們的食欲、睡眠品質、注意力、健康狀況、脾氣異於往常，無形中，日常行為也會受到波及。例如升遷失利，有些人鬱鬱寡歡，開始懷疑自己的能力，工作起來也沒有往日的幹勁與活力，有些人則怒火中燒，質疑升遷過程不公平，並對搶走職位的人產生敵對意識，結果造成職場人際關係緊張。

　　不可諱言的，挫敗事件發生的當下，人們的情感往往飽受衝擊，這時容易用個人的情緒去詮釋挫敗事件，無法將焦點放在「為什麼我有這樣的感受」，進而難以發現真正的問題點。好比對升遷失利的結果感到氣怒，用憤世嫉俗的眼光看待所有過程，那麼，不懂賞識自己的上司就成了識人不清的蠢蛋，先前合作過的同事就成了虛偽小人，到頭來，怒氣範圍無限擴大，相關人等個個存心不良。但事實上對升遷失利的結果氣惱，未必是因為我們有多想要坐上那個位置，我們可能更在乎的是，「我希望獲得上司賞識」的期待落空了，或是「我比其他人有能力」的競爭失敗了，當意識到情緒的真正起因時，我們才能跳脫個人觀點與情緒漩渦，以全面性的客觀角度重新思考事情。

　　值得一提的是，有些人面對挫敗時，會對自己的情緒產生「我不應該這樣」的負罪感，進而逃避、假裝、壓抑，但這並不能讓事情往較好的方向發展，反而容易造成身心崩潰，生活失序。我們人是有情

的，只要是有人就有七情六欲，當然就會有情緒，要想不被情緒所控制，唯有勇敢接納、面對並理解自己的不愉快與不完美，我們才能平靜下來思索如何幫助自己振作起來。

2. 整理情緒，面對結果，接受事實

無論挫敗事件帶來什麼感受，在釐清不良情緒產生的真正原因後，都應面對結果，接受既定事實，如果只會沈溺於不良情緒，或是悔恨「可惜當時沒有那樣做」，也不會讓事件的既定結果有所改變。我們應該時時記在腦海裡的是：「苦痛悔恨既不能改變往事，也無法使我有所長進。」與其被挫敗事件絆住腳步，不如一面整理情緒，一面吸取經驗教訓，早日調整好自己再邁出前進的腳步。

3. 列表除錯求進步

不管是外部因素或個人因素造成我們的挫敗，唯有檢視過程，發現問題點，找出解決之道，才能避免重蹈覆轍。我們可以將造成失敗的可能因素列成清單，並根據從一到十的標準評分，標明每項因素的影響程度，必須注意的是，不要根據直覺與個人情緒來判斷失敗因素，這樣才不會侷限了自己審視全盤局勢的視野。

4. 調整想法，修正做法

當我們列出可能導致失敗的因素之後，接著應客觀分析哪些因素能透過自我調整獲得改善，或是可以採取什麼方式加以修正，至於無法掌握的外部因素，則要思考是否有其他方式能降低它們的成敗影響

力。例如戶外活動當天參加人數過少，導致活動的預期效果不佳，其中無法掌握的外部因素，可能是因為天氣冷又下大雨，儘管天氣狀況難以人為控制，但下次舉辦活動時，如果事前就備好替代方案，或是搭設大型遮雨棚，就能盡量減低天候造成的問題。

5. 重新出發

有句箴言說：「對聰明人來說，一次教訓比蠢人受一百次鞭撻還深刻。」經歷失敗打擊之後，僅僅記取教訓、增長智慧是不夠的，永遠要記得把握光陰，振奮起來，重新出發。

成功的智慧無非是從損失中獲利

英國作家伯利梭（William Bolitho）說：「人生最重要的不是運用你所擁有的，任何人都會這樣做，真正重要的課題是如何從你的損失中獲利，這才需要真智慧，也才顯現出人的上智與下愚。」人生在世，每個人都可能犯錯失敗，聰明的人卻能從失敗中學習成長，為取得下一次的成功做好準備，而無論你做了多少準備，只要不斷對自己提出更高的要求，或是設定更上一層樓的目標，免不了都要承擔失敗的風險，但正如基利定理所傳遞的意涵：「容忍失敗，從中學習，往成功靠近」，不要因為可能的挫敗而放棄行動，也不要因為遭遇到打擊就受困於負面情緒，學會以正面角度看待挫折，改善處理問題的方式，試著將壞事變成好事，我們才有可能克服各種挑戰，獲取人生的榮耀！

基利定理你可以這樣用！

① 正面處理個人的挫敗

　　挫敗事件發生時，利用基利定理能讓自己加強挫折忍受力，並以積極思維看待失敗，從中汲取智慧與經驗，同時也能幫助自己快速整理情緒，審視問題根源，不陷入以個人情緒詮釋事件的困境。尤其對完美主義者來說，容許事情有失敗的時刻，學會賦予失敗積極的意義，更是重要的課題。

② 激勵士氣，帶領團隊完成目標

　　主管階層在處理團隊工作的失利時，不必急著懲處部屬，依據實際狀況，善用基利定理幫助部屬恢復工作信心，將能鼓勵部屬尋找更好的做法。這意味著「糖果與鞭子」要給得恰到好處，有時若只是以結果論懲處部屬，容易造成部屬產生多做多錯、不做不錯的心態，長久下來，將不利於組織發展或工作目標的達成。

Let's test ! 看看你從挫敗中重新振作的指數！

　　想像你在一個小公園，總覺得這個公園少了點什麼，你直覺是少了以下哪一樣東西？

A. 盪鞦韆　**B**. 蹺蹺板　**C**. 溜冰場　**D**. 帶狗散步的人　**E**. 噴水池

選Ⓐ：重新振作的指數80%。孝順的你因為怕家人擔心，遇到挫折總是會努力讓自己站起來。這類型的人心腸很軟，而且很容易牽掛父母家人，工作上如果不幸失敗了，第一個想法就是不能讓家人擔心。

選Ⓑ：重新振作的指數55%。你有運動家精神，挫敗時會反省失敗原因再站起來。這類型的人有自己的平衡點，失敗時會先靜下來反省，檢視問題到底在哪裡，之後再參考很多寶貴的意見重新再出發。

選Ⓒ：重新振作的指數99%。你不服輸的性格，會讓你在最短的時間內站起來。這類型的人字典裡面沒有「失敗」和「認輸」，他覺得自己做得不夠好時，一定會拚命鞭策自己做到最好，而且會把這種精神發揮到淋漓盡致。

選Ⓓ：重新振作的指數40%。你需要好朋友或親人給你力量才能找回信心。這類型的人內心深處需要很多的愛來做為原動力，因此受到挫敗時，家庭與朋友圈是很溫暖的處所，往往在親友的鼓勵下，他才有勇氣站起來。

選Ⓔ：重新振作的指數20%。遇到挫敗時，你會想當流浪漢，先流浪一段時間再找新機會。這類型的人對人際之間的「信任感」非常看重，對他們來說，最大的打擊是對信任的人失去信心，或者是信任的人出賣他、背叛他，這時他會對人性產生不信任感與疏離感，因此會讓自己先放鬆沈澱一下，好好釐清思路與情緒。

1-5 羊群效應的啟示：
獨立思考勝於盲從迷失

— ○○五年，土耳其媒體報導了一則令人震驚的消息，位於土耳
其東部的吉瓦斯小鎮，發生了一千五百隻綿羊集體跳崖自殺的
事件。

事件當天，多以牧羊維生的小鎮居民一如往常地放牧，但當
二十六戶牧羊人在懸崖邊讓一千五百隻羊吃草時，他們卻親眼目睹了
畢生難忘的驚人場面。當第一隻綿羊忽然摔落十五公尺高的懸崖後，
一隻又一隻的綿羊也跟著往下跳，而羊群毫無預警的集體跳崖，根本
讓牧羊人措手不及也無力阻止，很快地，懸崖下方堆出了有如大塊紅
白色棉團的綿羊屍體。儘管後來逐漸堆高的羊群屍體，讓較晚往下跳
的羊隻因為有所緩衝而倖存，但為數眾多的羊群損失，讓多數小鎮居
民的生計因此陷入了生活困境。

這起綿羊集體跳崖事件，總計有四百五十隻綿羊死亡，損失約十
萬美元，而長年研究綿羊行為模式的學者表示，儘管綿羊智商偏低，
又有依隨領頭羊行動的盲從行為模式，但這起事件仍令人匪夷所思，
因為懸崖的危險性應不至於讓綿羊自入險境，比較可能的原因是當時

有羊隻受到意外驚嚇而墜崖，結果使得其他羊隻也跟著盲目行動，最後便導致了這樁慘案。

　　或許有人認為綿羊的智商未免太低了，但其實在日常生活中，人們也常因為「羊群效應」的影響而出現盲從行為，好比依據流行趨勢打扮自己、選讀大家口中的熱門科系、挑選眾人看好的職業，反而沒有考慮到個人的特點與才能，而盲目跟隨他人的意見與做法，以致於失去個人自我主見與獨特性，甚至在人生道路上遭遇失敗。

羊群效應（The Effect Of Sheep Flock）
別誤入從眾心裡的負面陷阱

What is it?

　　眾所周知的，羊群聚集在一起，總是成群移動、共同覓食，這個現象也被用於描述人類社會的群體活動。在群體活動中，當個人與多數人的意見和行為不一致時，個人往往會拋棄自己的意見和行為，表現出與群體中多數人相一致的意見和行為，這就是羊群效應。

　　羊群效應廣泛地影響了人們的生活層面，例如在金融市場的交易過程中，投資者傾向於忽略自己研究或已知的有用資訊，轉而跟從、仿效市場中大多數人的決策方式，以股市來說，從眾性強的投資者在羊群效應的影響下，容易購買大家口中最熱門的股票，也最容易遭遇

「追高殺低」的狀況而被「套牢」，結果使得個人的財務蒙受嚴重損失。

　　我們必須留意的是，羊群效應固然表現了人類共有的一種「從眾心理」，但實際上它具有積極面與消極面。從積極面而言，當我們處在資訊不對稱、預期不確定的狀況下，參考別人的行為模式確實是風險比較低的做法，有時這樣做還能讓我們獲得團體力量的支援；從消極面而言，缺乏獨立思考、人云亦云的盲目跟風，往往使人陷入騙局或做出錯誤決定而走向失敗。這意味著我們應善用思考力，理性判斷局勢，一方面要運用羊群效應的正面力量，一方面要避免落入羊群效應的負面陷阱，如此才能減少非理性的盲從行為。

服從多數人的觀點，只因理性思考太複雜？

　　羊群效應告訴我們，凡事要能獨立思考，要以自己的大腦來判斷事物的是非，不應盲目跟隨別人，人云亦云，但為何人們經常會出現非理性的盲從行為？

　　例如，二〇一一年日本311大地震導致福島第一核電廠發生核洩漏事故，人們開始出現大量購買碘鹽的行為，固然恐慌感刺激人們採取自保行為，但即便專家學者說明當前核洩漏的不利影響有限，而且碘鹽中的碘含量相對較低，無法預防放射性碘的攝入，如果盲目服用碘片或加食碘鹽，只會為健康帶來負面影響，卻依然無法讓碘鹽搶購熱潮消退。

事實上，每個人都有一定的從眾心理；許多時候，人們遵循自我的本能、習慣、傳統、先例、經驗、慣例看待事物，但更多時候，人們會受到社會群體、外在情境的影響，採取符合公眾輿論或多數人意見的行為。

　　近年來，科學家運用儀器測試進一步發現，當一個人順從眾人時，他的腦部活動只限於感知區域，但當他要做出獨立判斷時，腦部活動就涉及到情緒等多個大腦區域。對此，美國精神與神經科學專家柏恩斯（Gregory Berns）表示：「我們往往認為所見即所信，而這項發現告訴我們，其實人們是相信大多數人所贊同的事。」這也說明為何人們經常不假思索地順從眾人觀點，即使那樣的觀點未必正確，也未必適用於個人狀況，他們依然會這樣做。

　　有個最明顯的例子是選讀熱門科系，或是挑選前途最被眾人看好的職業。人們相信多數人認同的熱門科系與職業，代表著未來有發展性、收入待遇高，卻忽略了產業的發展現況、個人特質與優勢等因素，等到一窩蜂地投身其中後，這才嚐到羊群效應的負面苦果，例如個性與工作不合、產業步入衰退期、就業市場人力需求飽合等等。

　　商場上做生意也是一樣，不要看哪個生意好就跟著跳下去做，像是早些年的葡式蛋塔、35元咖啡熱、近期的腳踏車店，大家一窩蜂地投入某個生意，因為都想分一杯羹，惡性競爭的結果，反而稀釋了這個產業的利潤，使得大家都經營不下去。在工作上，與其陷入一窩蜂的惡性競爭，倒不如做個藍海人，深思個人長處，不應該看大家在做什麼或是什麼生意最夯而去做，應該視自己的狀況認真思考適合自己

的工作，而不是只跟著別人走，那樣只會讓自己走進死胡同裡！

　　從眾性強、容易盲目跟隨別人的人，乍看之下雖然與眾人一同前進，但其實是被外界牽著鼻子走，如果你想真正掌握自己的人生，還是得從「為自己做選擇」開始，凡事多方收集資訊，運用理性加以判斷，永遠不要放棄獨立思考，你才能真正實現自我價值，走出屬於自己的路。

提出獨排眾議的創見，你需要智慧與勇氣

　　根據社會心理學家的研究發現，之所以會產生從眾心理的最重要的因素，關鍵在有多少人堅持某一項意見。換言之，群體中對某項意見認同的人數越多，堅持不同意見的人就越少，因此在日常生活中，大多數人的生活寫照是，當別人說這樣做不對，就放棄不敢去做，但別人都在做的事情，通常都會不問緣由地跟著去做，而這個現象背後隱藏的正是羊群效應的盲目性，它既不利於個人的獨立思考，也常侷限個人的創造力與人生發展。不過現實世界最為艱困的事情，莫過於面對輿論壓力、質疑聲浪時，我們還能堅持自己的信念與見解，獨排眾議，始終走自己的路。

　　世界著名的日本指揮家小澤征爾，某次參加了歐洲指揮家大賽，在前三名的決賽中，他是最後出場的參賽者。評審委員會遞上樂譜後，他專注地指揮樂團演奏，但演奏過程中，他突然發現樂曲中出現不和諧的地方。剛開始，他以為演奏家們演奏錯了，就讓樂團停下來

重新演奏一次，可是來到相同的段落，他還是覺得不自然，於是開口詢問是否樂譜有誤？在場的作曲家和評審委員會卻一再表示樂譜絕對沒問題。

面對音樂廳內來自世界各國的音樂大師與演奏家，小澤征爾聽到這樣的回答當下非常不解，不免也對自己的判斷產生了動搖，但是冷靜下來的他思考再三，堅信自己的判斷是正確的，因此再度肯定地說：「不！我認為樂譜一定有錯誤！」沒料到，評審委員會全體立即起立，對他報以熱烈的掌聲，祝賀他大賽奪魁。

原來樂譜是決賽考驗的一環，用來檢驗指揮家在發現樂譜錯誤，但權威人士又不承認的情況下，指揮家能否堅信自己的音樂判斷，前二位參賽者雖然也發現了問題，最後卻受到環境左右，背棄了自己的判斷，唯獨小澤征爾相信自己而不附和權威意見，從而獲得了大賽桂冠。

另外一個例子，世界知名服裝設計師皮爾‧卡登（Pierre Cardin）從二十三歲開始就因設計才華廣受歡迎，儘管在女性時裝設計領域的成就，足以讓他輕鬆地繼續走這條路，但酷愛鑽研服飾的他卻開始思索一個問題：既然時裝作為人們的裝飾物，為什麼僅僅只有女性才能獨享？原來當時法國時裝界沿襲多年的傳統看法是，真正的服裝設計師只能問鼎女裝，設計男裝會被人們指責為離經叛道，不過卡登沒有受到傳統觀點的束縛，反而立志設計出優秀的系列男裝，只是各界的批評聲浪與攻擊也隨之而來。

一九五九年，卡登在巴黎舉辦時裝展示會，新作服裝既有女裝

也有男裝，即便這在今日是稀鬆平常的事，但當時的巴黎時裝界卻掀起了軒然大波。業界人士紛紛將矛頭對準卡登，一夜之間，他成為眾矢之的，名聲、地位、經濟也遭受了嚴重打擊，甚至還被高級時裝聯合公會開除會員資格。然而他沒有因為外界的指責而退縮，依舊堅持著自己的初衷，認為以男裝問鼎服裝設計最高層次又有何不可？在強烈信念的驅使下，他繼續設計系列男裝，甚至不惜擴大規模，沒過幾年，男裝市場的春天降臨，由他設計的一系列男裝迅速佔領了法國男裝市場的半壁江山，並且很快風靡全球。一九六二年，卡登也被重邀返回聯合公會擔任主席，成為當時法國時裝界的「先驅者」。

我們對生活中大眾習以為常、耳熟能詳的事，經常會視為理所當然，並且認定它們不能被打破，也不可以挑戰它們的存在，而隨著知識、經驗、社會閱歷的累積，我們將越來越循規蹈矩，思維也越來越僵化，因為在羊群中做一隻順服的小羊總是比較容易，但這樣的想法也就成為超越自我的最大殺手。有位成功的企業家說：「一項新事業，在十個人當中，有一、兩個人贊成就可以開始了；有五個人贊成時，就已經遲了一步；如果有七、八個人贊成，通常已經太晚了。」商場上新興商業模式的成功，通常意味著有人「獨排眾議」，打破成規，勇敢地去實踐自己所堅信的理念，當然了，這並不是說我們凡事必須標新立異，顛覆一切常規，而是要懂得擺脫羊群效應的負面影響，審視局勢，挖掘機遇，找到可以發揮的藍海，開創自己的人生路徑。

當個聰明牧羊人！善用羊群效應的積極面

正如在文章開頭講述的，羊群效應並不是一無是處，它同時具有消極面與積極面。在特定的條件下，由於沒有足夠的資訊，或者搜集不到準確的資訊，羊群效應的從眾行為是很難避免的，而有時經由仿效他人的行為其實是可以有效避開風險，也有助於學習他人的智慧經驗，端看我們如何依據情勢加以運用。

一般來說，羊群效應可以運用的積極效果有以下三種：

1. 有利於集中全力達成共同目標

在所有人瞄準了一個共同目標的情況下，羊群效應的從眾心理可以發揮意想不到的巨大力量，促使全體成員致力於發揮集體力量，達到「一加一大於二」的加乘效果。

2. 有利於增強集體意識

如果在群體中營造大家同心協力、交流互補的互動模式，那麼就算群體不時會加入後進者，這些後進者也能在從眾行為的影響下，改變觀念與行為，融入群體之中，進而達成符合群體目標的效果。

3. 有利於良好作風、習慣的養成

我們都有過這樣的體驗，求學時期若班導師表揚了某位同學，其他同學就會自覺或不自覺地向這位同學學習，這就是羊群效應中羊群跟隨領頭羊行動的表現。當我們在一定範圍內樹立一個典型，就可以

帶動身邊的一部分人，如果這群人都這麼做，就會促使另一部分人也產生從眾心理，從而帶動所有人都這樣做。

總結而言，在生活和工作中，凡事都盲目從眾，或是凡事都要標新立異，只是讓我們走向極端。我們應當從羊群效應的積極方面出發，努力培養和提升自己獨立思考、明辨是非的能力，遇事和看待問題，既要慎重考慮多數人的意見和做法，也要有自己的思考和分析，從而做出正確的判斷，並以此來決定自己的行動，唯有如此，我們才能讓自我的成長與人生發展都獲得益處。

羊群效應你可以這樣用！

① 提醒自己不要掉進「多數人贊同就是對」的思考誤區

許多時候，「人數多」會表達出一種意見說服力，很少有人會在眾口一詞的情況下，仍堅持自己的不同意見，但這就像玩牌，跟或不跟，你得隨時保持清醒的頭腦，因此盡可能收集並過濾資訊，依據情勢，做出對自己最有利的判斷。

② 領導統馭可以善用的群眾心理

不管群體人數多寡，只要你擔任領導者、負責人的角色，最好能試著找出願意配合、獲得大家信任的「領頭羊」，並讓團隊建立友善互助、共同合作的互動模式，往往這能讓團隊目標的推動輕鬆一點。此外，你必須注意別讓自己成為獨裁者，你需要的是組員之間的力量加乘效果，而不是建立一支不願動腦思考的綿羊隊伍。

③ 情勢不明時，從眾行動反而聰明

　　置身不熟悉的旅遊景點，看看大家聚集或迴避的地方，通常能確保人身安全，同樣的，如果你是不熟悉辦公室文化的菜鳥、剛進入某個團體的新成員，或是遇到你從沒有經驗過的事情，適時參考他人的做法，吸收他人的智慧經驗，可以幫助你取得資訊，快速進入狀況，有時這也是擴大視野、克服固執己見、盲目自信、修正自我思維的方式。

Let's test !　你容易受別人影響嗎？

　　跟人起哄、對流行敏感等不甘寂寞的心理，都來自於他人對你的影響。想知道你是一個容易受別人左右的人嗎？請利用「行人」、「樹木」、「池塘」、「房子」這四個元素畫一幅畫，然後對照下面的四個選項。

　　A.人比樹木、房子大。

　　B.人比房子小、但比樹木大。

　　C.房子、樹木都大，但人小。

　　D.人的大小不屬於ABC的情況。

結果分析

選**Ⓐ**：你憧憬美感，是個富有羅曼蒂克氣息的人，溫和而女性化的人總是能令你馬上受到影響，而個性強勢的人就不比較容易影響你的言行。

選**Ⓑ**：你的個性很強勢，常會勇敢選擇自己該走的路，外界意見很少能影響你，這點在身處逆境時將會是一種優點，不過平日要注意避免讓自己行事過於剛愎自用。

選**Ⓒ**：你深愛知性的事物，雖然不會被感情左右，卻會服從於理論，這種率直有時是你的魅力。

選**Ⓓ**：你只要碰到與你同類型的人，就能對他們發揮影響力，甚至馬上將對方同化，進而使彼此更親近、更了解。

1-6 別讓霍布森選擇效應壓縮你的人生決策權

　　有四個人參加一個遊戲比賽，主持人將提供一道開放式的選擇題，當四人做出選擇後，主持人會適時提出反駁，而只要誰能答出讓大家心服的好選擇就算贏家。

　　遊戲題目的設計是：「在一個風雨交加的夜晚，有三個人在偏僻郊外的公車站等車，他們都想搭最後一班公車進城。此時A先生開著一輛雙人跑車經過，心想順路帶他們進城好了，但車裡的座位只剩下一個，這意味著他必須從中選一個人帶走。A先生下車後發現，這三個人分別是；一位是重病纏身的老人，一位是曾經救過A先生的醫生，一位是A先生心儀很久的對象，你認為A先生該怎麼選擇比較好？」

　　如果是你，你會做出怎麼樣的選擇呢？

　　第一個人選擇讓A先生帶走老人，他覺得幫助弱者是美德，而且讓重病纏身的老人淋雨等車很危險，萬一老人忽然猝死怎麼辦？主持人說，不過就算如此，最後也不一定能讓病重老人免於一死。

第二個人選擇讓A先生帶走醫生，他認為這是A先生回報醫生恩情的好機會，況且醫生回到城裡也能救治更多人。主持人說，可是醫生身體強健，就算不帶走他，他也能搭公車回城，再說如果醫生留下來等車的話，冒雨等車的病重老人若是突然出什麼狀況，還有人可以從旁即時處理。

第三個人選擇讓A先生帶走心儀對象，他覺得送愛慕對象進城能製造二人獨處機會，至於病重老人有醫生陪著等車，應該可以放心。主持人說，但是A先生的心儀對象是否會覺得A把重病老人拋下很沒同情心？這樣A先生還能贏得女士的芳心嗎？

第四個人的選擇與以上三人都不同，而且出乎所有人的預料。他選擇讓A先生把車鑰匙交給醫生，讓醫生開車送病重老人進城，要是途中老人有狀況，醫生也能馬上處理，而A先生就在車站陪心儀對象一起等公車，製造獨處機會。這個答案被公認為是最完美的好選擇。

在這個遊戲裡，前面三位參加者都掉進了「霍布森選擇效應」的陷阱，他們受到常規思路的限制，腦中只考慮到「A先生只能帶走一個人」，因此陷入三選一的困境，反觀第四位參加者能跳脫了思維限制，進而提出最佳選擇。事實上，每個人面對人生問題的抉擇時，無非都是扮演著參賽者的角色，而你的思路將決定你的選擇與未來道路，如果在思考決策的過程中，我們能擺脫霍布森選擇效應的影響，就能創造出「滿意最大化」的解決方案，開拓更多人生的可能發展。

霍布森選擇效應（Hobson Choice Effect）
小心思路圈套

　　「霍布森選擇效應」，始於一個販馬商人的故事。一六三一年，英國劍橋有位販售馬匹的商人名叫霍布森，他在兜售馬匹時承諾：「如果想跟我買馬或是租馬，只要給我一個很便宜的價格，就可以任君挑選。」不過與此同時，他也開出一個附加條件，挑選出來的馬匹必須能牽出圈門，否則交易不成立。然而，這是一個圈套，因為他在馬圈上只留下了一個小門，體型高大、骨骼端正的馬匹根本無法通過，能夠牽出圈門的不是小馬就是瘦馬。很顯然的，霍布森的附加條件等於是限制了顧客的挑選，但是許多顧客挑來挑去，都自以為完成了滿意的選擇，而這些選擇的結果可想而知，沒有人能以便宜價格買到一匹好馬。日後，諾貝爾經濟學獎得主西蒙（Herbent Simon）教授將把這種沒有選擇餘地的「選擇」，譏諷為「霍布森選擇效應」。

　　隨著時日推移，霍布森選擇效應被廣泛運用到經濟、親子教育、組織管理等領域，而社會心理學家認為，一旦陷入霍布森選擇效應的困境，人們將無法在學習、工作和生活上發揮創造力。無論是求學、就業、轉換工作跑道的問題，或是購屋買車、結婚生子、財產分配的人生大事決策，如果想法被侷限在一個框架中，僵化的思維容易讓我們看待事物的視角單一化，解決問題與達成目標的選擇方案也相對變少，甚至遭遇到「我想我只能這樣做」的情況。

正如一句格言所說的：「如果你感覺自己似乎只有一條路可走，很可能這條路就是走不通的死巷子。」所以，請避免讓自己的思維走入死巷，首先要不畏懼改變、不害怕承擔選擇後果，再者是多多加強鍛鍊多元化的思考方式，讓思維保持彈性與活躍，這能幫助我們找出解決問題的多重選項，並且從中評估各個選項的益處與風險，最終決定效果最令人滿意的解決方案，而不再只能做出「非A即B」的選擇，或是落入毫無選擇的窘境。

面對人生中的抉擇，你是別無選擇還是思維設限？

霍布森選擇效應的出現，直指「思維封閉性」造成的弊害，它使得人們只能從小屋子裡看世界、在小書桌前檢視問題，這也無可避免造成人們總是針對單向的選項進行思考，最後只能在有限的範圍內做出決策。如果我們認為每個人必須走出家門，建立活絡的社交關係，擴大人生視野，為什麼思考問題時，我們不能去尋找新的視角，開闢其他可能存在的選擇方案？

在日常生活中，霍布森選擇效應十分常見。例如一家企業的某部門經理出缺，決策者若侷限在部門內挑選人才，也只是從有限的小範圍內進行挑選，那麼不管挑選過程多麼公正、公平，有時仍容易落入霍布森選擇效應的陷阱，因此有些決策者會以更開放性的思考方式，選擇是否讓辦公室內出現內升、空降或輪調的部門主管。又好比有些人面臨要唸書進修或者工作賺錢的抉擇時，二選一不是唯一的解決方

案，考量到個人的環境因素與經濟能力，半工半讀、先工作存學費再重返校園，或是參加在職進修班都可以被列入選項，換言之，我們越能設想到多重選擇方案，就越能通盤、理性地評估可行方案，進而避免以個人情緒或片面觀點做出不適切的選擇。

　　無分人生大小事，當我們在進行判斷、決策的時候，若能開放自我的思維空間，從許多「可供對比」的選擇方案中進行取捨，往往能讓事情有不同的發展面向。正如霍布森選擇效應帶給人們的啟示，如果遭遇到有限制條件的問題時，我們該思考的不是臣服於限制之下，而應思考如何打破限制，另闢蹊徑，尤其現代社會的競爭激烈，僵化的思考模式常會阻斷創新的可能性，唯有開放思維，提高應變力，精進判斷力，讓自己站在一個更高的觀察點上看待事物，我們才能有座標正確的前進方向，以及無限廣闊的前景。

 ## 來一場腦內大革命，顛覆僵化思維！

　　人生就是一連串的選擇過程，我們要選擇就讀的科系、選擇從事的職業、選擇投資理財方式、選擇與誰發展戀愛關係，選擇是否要步入婚姻，即便是每天早上我們也要選擇吃哪一家的早餐，而充斥於生活中的各種決定，有時會左右人生道路的發展，甚至影響到自己以外的人，例如身為老闆若決定裁撤虧損部門，意味著有人將失去經濟收入，必須另謀出路。

　　許多時候，人們都希望自己能做出聰明選擇，但霍布森選擇效應

卻殘酷地揭穿一項事實：多數人只是自以為做出了抉擇，實際上思維的僵化已經壓縮了選擇空間，這也就是說，多數人在進行「偽選擇」的過程中自我陶醉，喪失了創新的時機和動力。例如，為了解決「怎樣才能更快收割小麥」的問題，如果僅限於傳統思維的做法「把鐮刀磨得銳利點」，而不去思索如何創造高效率的解決方法，那麼世界上就不會出現穀物聯合收割機。人生中的境遇與種種抉擇也是如此，只要腦內保持活躍、彈性的思維，我們就能想出因應之道，讓局勢有所轉變。

現代社會強調變革與創造力，很多過去無法處理的問題，一旦顛覆了傳統的思考模式，改以多元活潑的思維重新去理解與審視，不但能讓癥結點迎刃而解，還可能發現嶄新的發展方向。以3M公司最知名的產品故事為例，曾因「有點黏又不會太黏」而被當成瑕疵品的黏劑，在設計師換個思考方向後，反而推動了便利貼（Post-it）的誕生。

歷史花絮

西元一九六八年，一位3M公司的工程師席佛（Spencer Silver），嘗試要發明一種超黏膠帶，不料實驗的結果是製造出一種半黏不黏的膠，他也不知這種半黏膠有何用處。四年之後，他的同事傅萊（Arthur Fry）為在教堂唱詩班時，夾在詩歌本中的書籤老是會掉而大傷腦筋。他由席佛發明的半黏不黏膠得到靈感，這種有點黏又不會太黏的膠，正是他需要的，於是傅萊發明出了Post-It（便利貼），並創下銷售佳績。

此外，日本的自行車停車塔也是一個多元思考的例子。大家都知道，日本是人口密度高的國家，大眾運輸工具也被重度依賴，因此日本政府自一九七○年便開始推行自行車運輸政策，而隨著生活模式的

改變、樂活主義的推行，不僅「自行車族」的人數大量攀升，就連日本自行車的數量也幾乎與汽車數量同步成長。以往路邊的人行道同時提供給自行車主與行人使用，慢慢地也開始有了自行車的專用道和停放處，但自行車數量大增之後，停放問題變得更為棘手，特別是騎自行車轉搭大眾運輸工具時，車站周邊如果要再釋出更多停放空間也是難上加難。

為了解決這個問題，從事地下工程的日本業者發揮了創造力，他們推翻了在平面道路設置停車場的傳統做法，開始思考要以何種方法達成停放數量多又能有效節省空間的方法，進而有了興建地下化立體單車停車塔的構想。二〇〇八年，東京葛西站出現了全日本最大的地下機械式自行車停車塔，總計可停放九千四百輛自行車，車主從寄車到取車只需不到二十秒的時間，這不僅帶給自行車族很大的便利，也讓行人擁有淨空的人行區，同時也減少了自行車的失竊率，而省時、便捷、善用空間的停車塔構想，也讓不少國家紛紛仿效。

美國著名科學家富蘭克林（Benjamin Franklin）曾說：「停止了創新的思考，就如同停止了生命。」對於人類來說，創造性的思維是開發不完的寶藏，也是最強而有力的武器，因此這世上不怕有不能解決的問題，只怕沒有新的思考、新的觀念和新的方法；無論你的人生遭遇何種狀況，或者面臨了哪些必須做出重大抉擇的問題，都不要忽略了創造力是每個人的天賦本能，多多善用它，激盪並開發自己的思維空間，刺激自己不再只能單方向地片面思考，不但能有效迴避霍布森選擇效應的陷阱，呈現在我們面前的也將會是與眾不同的新天地。

放開手腳，讓思考力提升你的選擇力

美國未來學家約翰‧奈斯比特（John Naisbitt）在《大趨勢》（Megatrends）一書中指出，當今時代是一個從A即B的選擇轉化到多樣選擇的時代。在開放性的社會大系統中，你有足夠的機會去開拓廣角視野，並且進行多樣化的選擇，不需把自己困在一條幽暗的思考小路上，而為了讓自己在面臨抉擇時，進入「多方案選擇」的良性狀態，你可以參考以下建議來鍛鍊自己的思考力與選擇力。

1. 自我腦力激盪

如果想讓思路保持敏捷與活力，除了培養求知欲、勤於動腦外，養成記錄想法的習慣，並定期或不定期地加以檢視，也是訓練思考創造力的好方式。此外，遇到需要分析事情、評估選項時，你可以將聯想的各類情況、各種問題列成對比清單，協助自己整理思路，有時試著逆向思考，也能幫助你突破思考盲點，擬定出不同的選擇方案。

2. 察納他人意見，學會取捨

多方案選擇的形成過程中，適時聽取外界意見，將能擴大思考範圍，特別是對立方的意見或觀點，有時會帶來意想不到的思考面向。值得注意的是，過多的選擇與意見未必是好事，你必須權衡利弊，學會取捨，善於決斷，才能有效率地擬定決策。

3. 冷靜思考做決策

　　面臨決定的時候，不要讓過去的經驗成為你做出決定的標準，往往這會使你深陷在舊有的思考角度裡，妨礙了發想其他選擇的可能性，與此同時，保持冷靜、不意氣用事，也非常重要，如果存有任何不良情緒，容易導致你在情緒作用下做出不正確或不合宜的決定。

4. 決定後果斷行動

　　當你做出人生中每一個輕微的或重大的選擇後，不要再反覆思索那些已經被你否決的選項，優柔寡斷只會讓你拖延時間、錯失良機，請果斷地採取行動，直接驗證自己的選擇是否恰當。縱使結果不如預期，也不要灰心或擔憂，人生雖然不能重來，但你永遠有機會以更好、更聰明的姿勢往前邁進。

　　一個人選擇了什麼樣的環境，就選擇了什麼樣的生活，想要改變就必須有更大的選擇空間，如果處於沒有選擇的境地，必將扼殺自我的創造性思維，從而也就沒有了發展的空間。當我們在面對事情、處理問題時，試著讓自己擺脫霍布森選擇效應，多從各種面向去思考事情，不要被既定的思維模式綑綁手腳，那麼即使面臨的情況再艱難，也都能從多重方案中做出取捨，從而做出出奇制勝的理想決策。

霍布森選擇效應你可以這樣用！

① 提醒自己開放思維路徑，不壓縮選擇空間

　　每項事物都存有多種面向，你想達到的目標、想解決的問題，也具有多種抵達途徑與解決方式。面對選擇時，提醒自己不要陷入霍布森選擇效應，盡量開放自己的思考，找尋多種方案，從中比較、取捨、評估，才能幫助自己制訂最佳方案。

② 管理者要常反省是否削弱了部屬的創造力

　　管理工作中常出現霍布森選擇效應鋪設的陷阱，比如管理者提出某項計畫，口頭上要大家集思廣益，但拍版定案時卻依然按照自己的原始決定，類似這種假性聆聽與形式化民主，常讓部屬失去提出創意構想的動力，而且一人決策的過程也容易充滿瑕疵，對於整體組織發展並無益處。這意味著管理者應適時提供部屬參與決策的空間，避免圈限了企業內部的創造力。

1-7 迫不急待成功？棉花糖法則告訴你等待的好處

「小不忍則亂大謀」、「放長線才能釣大魚」是大家耳熟能詳的話，提醒我們做事要保持耐心，懂得為了更有價值的長遠結果，主動放棄即時滿足；例如在生活中，有些人會在週末或晚上放棄休閒活動，好能專心工作或在職進修，有些人為了保障退休後的生活，現在就將部分收入儲蓄起來或是用於投資，也有些人為了健康因素，努力克制自己的口腹之欲，甚至戒煙、戒酒，往往這都考驗著人們自我克制的能耐，而在心理學中，這其實就是「棉花糖法則」的延遲滿足表現。

延遲滿足經常意味著放棄即時享樂、當前利益，這類的抉擇取向屬於人格中自我控制的一部分，它是個人有效自我控制、成功適應社會行為發展的重要特徵，同時也是心理成熟的表現。尤其面對誘惑、欲望、衝動、眼前益處與長遠成果的取捨時，一個能夠發揮高度自制力的人，通常能大幅提升事情的成功機率，並且讓最後成果比預期中要來得好，因此「棉花糖法則」常被用來解釋意志力、自我控制的重要性。

棉花糖法則（Marshmallow Law）
揭示成功秘密：試著延遲滿足！

　　美食當前，你能忍住動手品嚐的衝動嗎？二十世紀七〇年代，在心理學家米歇爾（Walter Mischel）教授的策劃主導下，美國史丹佛大學（Stanford University）附屬幼稚園的教室內，進行了相當著名的棉花糖實驗（The Marshmallow Experiment），實驗目的主要是了解「延遲滿足」對人們的生活影響力，而實驗對象則是一群平均年齡四歲的小朋友。

　　實驗人員與小朋友各別互動時，桌上都會放著一顆棉花糖。實驗人員說明他要離開房間十五分鐘，如果小朋友能等他回來再吃棉花糖，他到時會再多給一顆當作獎勵，這樣小朋友等於就能吃到兩顆棉花糖，不過要是在他離開的時間裡，小朋友先吃掉桌上的棉花糖，就沒有後來的獎勵了。實驗人員離開後，小朋友面臨了「馬上吃一顆」、「等他回來吃兩顆」的考驗。實驗人員發現，有些小朋友只等了一下就不耐煩，迫不及待地吃掉了棉花糖，但耐心等候的小朋友會設法轉移自己的注意力，好比閉上眼睛不看糖、自言自語、唱歌、講故事，忍耐著等實驗人員回來。

　　事後，實驗小組展開了長達十餘年的追蹤調查，結果顯示「當時沒有等待的小朋友」的個性容易出現孤僻、固執、挫折忍受力低下、優柔寡斷的傾向，當欲望產生的時候，他們較難控制自己，常常要馬

上滿足欲望，否則就無法靜下心來繼續做事；至於「耐得住等待的小朋友」多半能成為適應力強、具有冒險精神、受人歡迎、自信、獨立的青少年，他們能等待機遇而不急於求成，也可以為了更高、更長遠的目標，主動地暫時放棄眼前利益。

以實驗結果論來說，延遲滿足能力高的人，顯然比較能達成個人目標，未來也能擁有較高成就，這不僅帶給人們許多想法上的刺激，日後更被引伸為棉花糖法則。人們逐漸了解到，在沒有外界監督的情況下，我們能否適當控制自己的行為，抑制衝動、抵制誘惑，為實現目標堅持到底，攸關著未來是否成功，這也表示自制力是一個人走向成功的重要素質！面對人生目標，你能否克制欲望、延遲滿足，不急著吃棉花糖，將會決定未來你能獲得多少獎賞。

什麼時候吃下棉花糖？問問你的耐心與自制力

每個人有各種不同的人生目標，有些目標長久而遙遠，需要刻苦辛勤的努力，當完成目標時，所得的回報也很大，只是在完成目標之前，總得要付出代價，譬如放棄即時的享樂、約束自我的行為、克服自我的惰性、忍耐某些單調又重複的自我訓練，不過即便大家都知道「想要收穫先怎麼栽」的道理，卻有很多人常常毅力不夠、耐心不足，明明已經努力到了中途，最後還是選擇放棄。

例如為了成為一位律師，就得先強記法律，但面對這些枯燥又必要的事情時，人們容易感到精神疲倦、壓力沈重，這時從事一些能獲

得即時快感、短暫放鬆的活動，很自然便成為一種很大的誘惑。當然了，適度的放鬆可以幫助人們走更遠的路，可是一旦缺乏意志力，每回遇上外界的誘惑就放下目標，追求即時享樂，或是遇上挫折困難就逃避放棄，這就很難實現自我目標了。

多數時候，你的欲望與目標並不能馬上實現，若是為了滿足一時的衝動，貪圖眼前的立即性好處，放棄了原本可以獲得的更大利益，到頭來可能「因小失大」，既不划算也不明智。事實上，在日常生活中，我們常會遇到「要不要馬上吃掉棉花糖」的人生考驗，而棉花糖法則帶來的重要啟示就是：遇事必須懂得保有耐心與自制力！一個有耐心的人能安然承受不適、艱難與困苦，一個有自制力的人能冷靜處理問題、不急於求成、不被情緒牽制，但耐心與自制力並不是與生俱來，我們需要有意識地自我培養，與此同時，遇事要能衡量情勢，如果能忍受延遲享樂，自我克制欲望，避免短視近利，或是把享樂時光拿來做些對未來更有幫助的事，反而能讓你更早實現目標。

人生成敗取決於自制力的一念之間

英國慈善家巴克斯頓（Charles Buxton）曾說：「成功的道路是一步接一步，一點挨一點，一絲扣一絲，它是財富之路、智慧之路和榮譽之路。」無論每個人對成功人生的定義是什麼，為了實現人生目標、生活規劃，所有人都得付出辛勤的努力，而棉花糖法則讓我們了解到延遲滿足的重要性，你能否以堅定的意志力耐心地等待成果，往

往決定了最終成就的大小，但在取得成就之後，你能否發揮同樣的意志力維繫成就，就是另一個至關重要的課題了。

強尼・凱許（Johnny Cash）是美國音樂史上的傳奇人物，他年輕時自學吉他，並且練習唱歌、創作歌曲，希望能早日實現成為歌手的夙願；退伍之後，他一心想從事音樂相關工作，然而事與願違，他連電台音樂節目廣播員的職位都沒爭取到，為了維持生計，只好挨家挨戶推銷生活用品。在這段掙扎於現實生活與自我理想的時期裡，他一邊工作，一邊利用時間練唱，最後乾脆與朋友組團，在各地教堂、小鎮巡迴演出，漸漸地，付出有了回報，他獲得了一張唱片合約。

凱許灌製的第一張唱片廣受大眾歡迎，也奠定了他音樂事業的基礎。隨著歌迷人數的與日俱增，他不但實現了成為當紅歌手的目標，財富、榮譽、名聲、地位也不斷攀升，可是經過幾年的巡迴演出後，他開始需要服用安眠藥才能入睡，甚至還得依靠藥物以確保隔天的精神狀態，更糟糕的是，他日漸染上酗酒、吸毒、濫用藥物的惡習，緊接而來的，就是一連串的行為失控、生活脫序與毒癮醜聞，致使演藝事業跌至谷底。

凱許反覆發作的毒癮、對藥物的重度依賴，讓他頻頻與監獄兩個字連結在一起。某次，一位行政司法長官在他刑滿出獄時說：「我今天要把你的錢和麻醉藥物還給你，因為你比別人更明白一件事，你能自由選擇自己想做的事。看，這是你的錢和藥。你現在就把這些藥扔掉吧，不然就去麻醉自己，毀滅自己，你自己選擇吧！」當時擺在他面前的，一邊是毒品引誘，一邊是他奮鬥目標的召喚，最終他決定尋

求醫生的協助，希望能徹底戒除往日的惡習，而醫生的回答是：「戒毒比找尋上帝還困難。」

凱許知道醫生這句話背後的含意，藥物禁斷的生理痛苦、擺脫依賴的心理調適，在在考驗著戒毒者的意志力與決心，稍有軟弱或逃避，一切都將前功盡棄。於是，他把自己鎖在臥室閉門不出，試著擺脫身心對毒品與藥物的依賴，煎熬了九個星期之後，他終於能不藉助藥物而安然入眠。熬過戒除毒癮的痛苦期後，凱許重新出發，返回熱愛的音樂舞台，此後不停息地奮鬥，成為美國音樂史上公認最具影響力的音樂人之一。

從自毀人生到東山再起，強尼・凱許的經歷帶給我們許多省思。人們的生活不可能永遠一帆風順，人生也總是起起落落，但往往成功與失敗就在一念之間，面對各種打擊與磨難時，我們常常需要堅強的意志力與自制力，而在為了獲取成果而延遲享樂、克制欲望時，也別忘了吃到棉花糖後要保持清醒，因為人生就是在長期考驗你的自我控制能力，唯有堅持不懈、意志堅強的人，才能得到最美好的獎賞。

歷史花絮

強尼・凱許，美國音樂史上的傳奇人物，他是唯一同時入選鄉村與搖滾樂名人堂的藝人。他以鄉村歌手崛起，年輕的凱許飽受盛名所累，不得不借助藥物逃避壓力。在人生最低潮之際，凱許的第二任妻子瓊成為他的精神支柱，兩人不僅共同面對事業低潮，也共同扶持走過人生逆境。勒戒成功的凱許以不死鳥的姿態復出樂壇，他的音樂對後代的鄉村以及搖滾樂都有極為深遠的影響。

別等領獎時才撰寫講稿，成功之前，你就得做好準備！

隨著年紀與人生閱歷的增長，每個人對成功人生會有不同想法，它們有時沒有對錯可言，只有「我要不要那樣過日子」的問題。當然了，一般多數人都是從物質和金錢的長期累積上定義成功，然而這種狹隘的定義卻容易阻礙人們的發展，因此有些人常抱怨人生過了幾分之幾卻還沒有成功，那麼成功應該是沒有希望了，這種狀況與想法普遍發生在年過三十的人身上，但是他們只要看看周圍就會發現，三十歲以後才成功的人佔了絕大多數。

事實上，我們必須認清自己想要的成功人生是什麼樣子，同時瞭解自己擁有什麼優勢，又該如何珍惜和利用它們，不要過早放棄你想吃的棉花糖，但也不應隨波逐流，忽視自我內心的真正想法。在這個世界上，成功屬於努力尋找機會、不斷厚植自我實力的人，正如藝術家經過無數次的勤奮練習才能成為有名大師，運動員也需要無數的訓練和汗水才能贏得金牌，所有的成功都不是在一夜之間忽然降臨，它必須經由實踐過程的錘鍊，如果你想獲得成功，現在就得開始為成功做準備。

在追求成功人生的道路上，面對打擊、磨難、挫折與考驗時，挺身承受是痛苦的，因為它壓抑了人性貪圖快樂的本能，但請牢記棉花糖法則帶來的啟示，學會延遲滿足、自我克制惰性，以意志力克服難關，才能在某方面有所突破，實現最初的理想與目標，同時造就屬於

你的成功舞台。

棉花糖法則你可以這樣用！

① 急躁冒進不能成事，避免一時痛快的懊悔

無論你現在的目標是求職升官、減重十公斤，或是存入人生第一桶金，遭遇打擊與誘惑時，提醒自己為了實現早日目標，你得努力熬過耕耘期間的痛苦，並且自我克制對實現目標沒有助益的行為，往往延遲滿足、耐心等候成果，都能幫助你避免為了一時痛快，誤失品嚐成功棉花糖的機會。

② 以棉花糖法則的精神經營人際關係

棉花糖法則除了用於自我成長，其精神也適用於人際關係的經營；例如對待生意夥伴、客戶，不貪圖一時利益，損及信賴合作關係，又如在婚姻關係中堅守忠誠原則，以自制力抗拒外界引誘，或是面對與職場同事的競爭時，不因急於出頭而做出搶功、踩著人的血汗往上爬之舉。人際互動講求信賴度的累積，千萬別只顧著快速獲取人脈帶來的好處，而忘了重要的處事待人之道。

測一測你適合創業嗎？

週五下班後，你和一些同事去聚餐，當你們來到一間餐廳用餐，你點菜時通常是：

A 先請店員說明菜色後再點菜，並考慮再三。

B 點和別人同樣的菜。

C 先說出自己想吃的東西。

D 不管別人，只點自己想吃的菜。

E 先點好，再視周圍情形而變動。

結果分析

選A：做事一絲不苟，安全第一。但你的謹慎往往是因為過分考慮對方立場所致。你能夠真誠地聽取別人的勸說，但不應該忘掉自己的觀點，應該說比較有創業優勢。

選B：這種人多是順從型的，做事謹慎、慎重，往往忽視了自我的存在。對自己的想法沒有自信，經常立即順從別人的意見，這種人是易受人影響的人，不適合創業。

選C：性格直爽、胸襟開闊，即使是難以啟齒的事也能輕而易舉、若無其事地大方說出來。這種人待人不拘小節，雖然有時說話有些苛刻，也不會被人記恨，適合創業。

選**D**：你是個樂觀、完全不拘小節的人。做事果斷，容易跨出創業的第一步，但是否正確卻很難說。先看價格後，迅速做出決定的人是合理型的；選擇自己想吃的人是享受型的；比較價格與內容才決定的人，是屬於吝嗇型的人。

選**E**：你是個小心謹慎，在工作和交友上容易猶豫的人。此類型的人給人的印象是軟弱的，想像力豐富，但太拘泥於細節，缺乏掌握全局的意識，如果你是這一型的人，在創業中千萬不可猶豫不決。

Chapter

2

人際關係決勝負？
必須懂的社交達人練成術

The principles of life you must know

in your twenties.

根據美國史丹佛國際研究中心（SRI International）的研究調查指出，
人們賺取的財富有12.5%來自知識，87.5%來自人際關係；落差懸殊
的數據，並非是指知識無用，而是凸顯出社交關係的重要性。身處現
代社會，你必須掌握人際互動的相關定律，累積人脈資產，才能在需
要他人協助時獲取助力，增加成功機會。

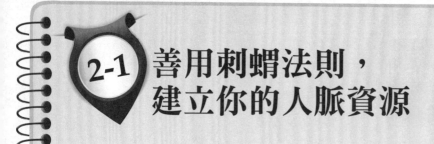

2-1 善用刺蝟法則，建立你的人脈資源

人類是群居動物，沒有人能完全脫離他人生活，而現代社會對於人際關係的看重更甚以往，因為隨著商業生活形態的改變，人際關係除了維繫個人與他人的情感流動外，許多時候也影響著個人的利益與社會地位，所以「人脈就是錢脈」的說法自然也不脛而走。

無論基於經濟理由或情感因素，我們嘗試建立自己的人脈資源時，首先要面臨的就是與他人相處時的「心理距離」問題。由於每個人的好惡與交友法則都不相同，有時刻意與人保持距離會被視為冷漠、自大、不合群，可是一旦過度熱絡又可能帶給他人精神壓力與困擾，到底該怎麼拿捏互動分寸才能皆大歡喜？

人際交往中的「刺蝟法則」告訴我們，與人保持既能相互關心、又保有獨立空間的心理距離，將有助於良性互動關係的建立。

這種距離不僅僅是空間上的，也包括心理上的，距離太近，原本的吸引力也會變成排斥；距離太遠原本的吸引力就會慢慢散去，所以刺蝟效應並不是要求人們相敬如冰，而是保持一個讓彼此都輕鬆自在的心理距離，既不要束縛住自己也不要侵犯到別人的個人私領域。這個距離

要不會因為走得太近而帶來傷害，還能夠保持雙方美好的印象。

刺蝟法則（Hedgehog's Law）是丈量心理距離的一把尺

刺蝟法則源自於一次生物實驗，生物學家為了研究刺蝟在寒冬中的生活習性，讓實驗人員將十幾隻刺蝟放置於戶外的空地上。在冷風吹襲下，刺蝟們凍得渾身發抖，只好緊緊依偎在一起取暖，可是相互靠近後，又因彼此身上的長刺迫使牠們必須分開。實驗人員發現，刺蝟們多次聚了又分，分了又聚，不斷地在受凍與受刺之間掙扎，直到最後，牠們找到了一個適當的距離，讓彼此可以相互取暖，又不至於受傷。

根據這項實驗結果，心理學家總結出了刺蝟法則，強調人與人之間的互動往來要留意心理距離。當彼此的關係越緊密、心理距離越小，反而越難清楚感受到對方的優缺點，有時相處上還會失去應有的尊重，甚至傷害到對方，但是當彼此的關係越疏遠、心理距離越大，可能又造成信任感薄弱、互動冷淡的狀況，因此人與人之間最佳的心理距離，應該像寒冬中的刺蝟一樣「不遠不近」，既能彼此相互關懷扶持，又能給予雙方足夠的心理自由度與隱私空間。

心理距離不遠不近，交情才能長長久久

人際交往的過程中，互動方式、往來心理距離的拿捏都是學問，一個不懂拿捏人際互動分寸的人，很容易在學習、工作、生活、社交上遭遇挫敗，其影響不容小覷，而所謂的「距離拿捏」不僅是物理現象與心理現象，也是攸關個人與外界情感互動的深遠問題。

心理學家曾經做過一個實驗，當大眾閱覽室裡面只有一位讀者時，如果心理學家直接走過去坐在對方身邊，將會發生什麼事情呢？實驗結果顯示，八十位受測者在完全不知情的情況下，沒有一個受測者能夠忍受一個陌生人緊挨著自己坐下，大部分人都會很快地默默站起，改找別處的位置坐下，有些人還會帶著戒備的神情直接問：「先生，你有什麼事情嗎？」

這個實驗說明了，每個人都需要一個可以自我掌握的活動範圍與心理空間，這感覺就像有一個無形的防護罩，可以讓自己放心地待在安全領域內，而當這個安全領域被人侵入了，就會感到緊張不安、不舒服，甚至惱怒起來。這也意味著，人與人互動時如果能保持適當的心理距離，將能避免雙方產生排斥、逃避、敵對的心理反應。

當然了，人際交往的心理距離不是固定不變的，它必須依具體情境、相互了解雙方的關係、社會地位、文化背景、人格特質、個人心境等因素，具有一定的伸縮性，因此我們應根據具體情境的不同，及時調整雙方往來的心理距離，而在一般情況下，刺蝟法則所強調的「距離不遠不近」原則，對於大多數人來說都十分適用。

廣受歡迎還不夠，你得成為利己利他的聰明刺蝟

　　人際之間的往來互動是很微妙的心理歷程，過分熱情或過分冷淡地對待都會使人不自在，而互動頻率的多寡也並非與交情深淺成正比，就像天天碰面的人未必是知心好友，久久才見一面的人卻可能是你最信任的人。

　　正因為情感具有不可預測性、快速流動性以及相互影響力，人們會視往來對象的言行舉止、身分背景、情感表達做出回應，但失衡的互動模式往往會造就負面關係的產生，連帶地也影響到生活中的各個層面。例如，獨生子女因為父母的寵愛有加、無限度的呵護，可能比較欠缺獨立性，又以自我為中心；伴侶之間常因溝通障礙，造成感情嫌隙、家庭失和；職場同事因為競爭意識過強，上演辦公室角力戲碼，導致工作職權混亂；上司與部屬的關係過於親近，使得從屬角色不明，公私不分，做事失去原則。

　　其實在各類人際關係中，每個人都是獨立的個體，也都有自己的喜怒哀樂與情感需求，我們雖然無法取悅所有人，但至少不要製造對立關係，或是讓互動關係惡化，有道是：「多一個朋友，就少了一個敵人。」人生發展的道路上，如果能多獲得一份友善的助力，為什麼要搬石頭砸傷自己的腳呢？而這也正是刺蝟法則帶給我們的啟示：與人保持適當的往來距離，不因親近而流於隨便，而忘了要互相尊重，不因生疏而冷漠，你才能做出利己利他的事情，也才能確保人際關係走向正向循環。

以法國政治家戴高樂（Charles de Gaulle）為例，他就是徹底實踐刺蝟法則的代表人物。身為法蘭西第五共和國的首任總統，戴高樂顯然是一位以決斷力見長的政治領袖，在擔任總統的多年任期內，他的用人哲學就是一句座右銘：「保持一定距離。」他曾對新上任的辦公室主任說：「我聘用你兩年，而正如人們不能把參謀部的工作當作是自己的職業，你也不能把辦公室主任當作是自己的職業。」事實上，從秘書處、辦公廳到參謀部等顧問人士和智囊團，幾乎沒有人的工作年限能超過兩年，換言之，這些職位每隔兩年就會有新臉孔上任，這自然也深刻影響了他與顧問、智囊團和參謀們之間的互動關係。

無獨有偶的，前通用汽車公司（General Motors）總裁史隆（Alfred P. Sloan）也堅持與員工保持適當距離，力求做到公私分明，親疏有度，而當員工發生意外負傷時，他總會在第一時間趕到醫院探望，此舉既獲得了部屬們的敬重，又激勵了組織內部的凝聚力與向心力。

由此可見，當我們與他人建立友好的互動關係時，若能善用刺蝟法則，讓彼此往來冷熱有度，不但

歷史花絮

戴高樂之所以會有此規定，主要有兩大原因。一是他出身軍旅，認為軍隊是流動的力量，沒有始終固定駐紮的軍隊，相同的，重要職務的人事調動也是再正常不過的事，與此同時，這不僅可確保幕僚們的思維具有洞察力與決斷力，也能杜絕幕僚們待在職位上年長日久，轉而利用總統和政府的名義營私舞弊。二是因為他不想讓身邊充滿自己離不開的人士，如果領導決策過度依賴秘書或某幾位重要幕僚，容易造成部屬鑽營謀私，藉機干涉政務，長久下來，將造成不良後果。

Chapter **2** 人際關係決勝負？必須懂的社交達人練成術

可以獲得別人的尊重，也能保證自己在待人處事上不喪失原則，從而進一步獲得高品質、高信任感的人脈資源。

想將人脈轉化成實質資產？你必須踏實經營

我們常聽到有人說：「沒關係找關係，有關係就沒關係。」這說明現代人對於經營人際關係相當看重，而依據哈佛大學的研究發現，許多傑出人才或許並不具備強悍的專業能力，但他們懂得運用不同的人脈資源幫助自己解決棘手問題。這聽來十分美妙，但千萬不要因此誤解一件事：你就算認識了許多不同領域的朋友，也不代表你能真正把這些人脈轉化成實質資產！

在繁忙的現代生活中，每個人都想積極開拓人脈，但卻疏於「經營」人際關係，久而久之，真正的人脈並未建立，充其量不過是認識了很多人而已。許多人企圖建構屬於自己的「黃金人脈」時，常會以為自己只要勤於社交、多多與人交換名片、展現親和力，就能在必要時刻獲得援助與支持，然而十分現實的問題是，當你需要幫助時，憑什麼別人該對你伸出援手，助你一臂之力？

法國哲學家盧梭〔Henri Rousseau〕曾說：「獨立和平等使人們的關係真誠而坦率，在這種關係中不包含有義務和利害關係的成分，它所遵循的唯一法則就是興趣和友誼。」這無疑道破了人脈的實質意義，你必須敬重他人，也獲得他人的敬重，並讓雙方重視彼此之間的友誼，才有可能達到相互扶持、互動愉快的境界。

刺蝟法則告訴我們人際互動要拿捏尺度，給予雙方舒適、自在、尊重的互動空間，而在深化人際關係、贏得他人友誼時，我們則要留意以下五大原則。

1. 保持真誠

人們為了生存和利益，常會在人前戴上假面具，但爾虞我詐的欺騙、虛偽的敷衍、偽裝的真誠只會折損人際關係，唯有發自內心與人真誠往來，交情才能經得起考驗。沒有人會無緣無故地接納我們，別人之所以願意與我們長期往來，往往是建立在我們對其友善、尊重、信任的前提下，所以如果你希望別人誠懇對待你，請先表現自己的真誠態度。

2. 維護別人的自尊心

與人交往的過程中，如果想當個處處逢迎別人的濫好人、牆頭草，是無法獲得他人的敬重的。如果遇到你想拒絕或感到不妥的事，應該在不傷害他人自尊心的情況下，表達自己的立場與想法。換句話說，就算你與對方再親近，也要學會善用溝通技巧，委婉表達不同意見，為別人保留面子。

3. 創造對等的互動關係

要讓別人從內心深處接納我們的關鍵，就是必須創造出平等、自由的互動氣氛，一旦我們擺出高姿態或是畏縮膽怯的樣子，只會增加雙方互動時的壓力與困擾。值得一提的是，當你必須與有利益衝突的

人往來時，顧及到日後或許位置與關係會發生改變，最好能保持適當的友善交往距離，避免對立衝突。

4. 雪中送炭勝於錦上添花

無論是工作還是生活，每個人多多少少都會遇到一些煩惱或難題，當朋友需要幫助的時候，在自己的能力範圍內伸出援手，雪中送炭的行為將會讓人從心底感激，也會讓彼此的情誼更進一步。

5. 拿捏人際之間的角色分際

許多時候，我們能與他人維繫長期的往來，常是因為有共同語言、互有好感，所以有些人會希望彼此能發展親密的戀情關係，但如果現實狀況不允許，比如某方已有婚姻關係，我們就必須拿捏人際之間的角色身分，將感情投入限制在友誼的範圍內，要是對方直接示意，也應明智地將其化解，千萬不要默許或鼓勵對方，以免製造無謂的糾紛與困擾。

刺蝟法則你可以這樣用！

① 以不遠不近的心平衡各種情感關係

不管是職場互動、親子、愛情或友誼關係，與人保持適中的心理距離，不因親近而逾矩、隨便，不因生疏而冷漠，才能避免出現盲目、失去分寸的行為，或是造成互動關係的失衡。

② 以刺蝟法則作為職場關係的經營原則

身處職場，無論是同事之間、上司下屬之間、管理者之間，我們常會與他人存有既合作又競爭的關係，這表示你無法因為討厭某些人而不合作，也很難因為喜歡某些人就放棄競爭，採取親疏有度、分工合作又各司其職、相互支援又各負其責、不逾越職權的行事態度，才能在獲得團隊支援的同時，展現自我的價值與能力。

測一測你的人緣如何？

請你根據自己的實際情況，如實回答以下的問題。

____01. 你和朋友們在一起的時候過得很愉快，是不是因為——

    A. 你發現他們很有趣，既愛玩又會玩。

    B. 朋友們都很喜歡你。

    C. 你認為你不得不這樣做。

____02. 當你休假的時候，你是否——

    A. 很容易約到朋友。

    B. 比較喜歡自己一個人消磨時間。

    C. 想邀約朋友，但發現這不是一件很容易的事。

____03. 當你安排好見一個朋友，但你又感覺到身體有些不舒服，你會

怎麼做？

A. 希望他會諒解你，即使你最後並沒有到朋友那裡去。

B. 還是盡可能地去赴約，並試圖讓自己也很愉快。

C. 還是準時到見面的地點，並且問他如果你想提早回家，他是否會介意。

___04. 你和朋友的關係，一般能維持多久的時間？

A. 一般情況下，都能維持不少年。

B. 若是有共同的興趣時，就可能維持好多年。

C. 一般時間都不長，有時是因為搬家或轉職的緣故。

___05. 一位朋友向你吐露了一個非常有趣的個人問題，你是否──

A. 盡自己最大努力，不讓別人知道它。

B. 根本沒有想過把它傳給別人聽。

C. 當朋友剛離開，你一轉身就馬上找別人分享。

___06. 當你有問題的時候，你是不是──

A. 通常覺得自己完全能夠應付這個問題。

B. 向你所能依靠的朋友請求幫忙。

C. 只有問題十分嚴重時，才會找朋友援助。

___07. 當你的朋友有困難時，你是否會發現──

A. 他們一有問題馬上就來找你幫忙。

B. 只有那些和你交情密切的朋友才會來找你。

C. 通常朋友們都不會來麻煩你。

_____08. 你想要結識朋友時，你都是怎麼做的？

A. 藉由你已經熟識的人的介紹。

B. 在各種場合都可以和陌生人交上朋友。

C. 僅僅是在一段較長時間的觀察、考慮；甚至可能經歷了某種困難之後，才能和對方成為朋友。

_____09. 以下的三種品質中，哪一種你認為是你的朋友應該具備的？

A. 使你感到快樂和幸福的能力。

B. 為人可靠、值得信賴。

C. 對你感興趣。

_____10. 下面哪一種情況對你最為合適，或者接近你現在的情況？

A. 我通常讓朋友們高興地大笑。

B. 我經常讓朋友們認真地思考。

C. 只要有我在場，朋友們會感到很舒服、愉快。

_____11. 假如讓你應邀參加你不擅長的活動，或者必須在聚會上唱歌，你是否——

A. 找藉口不去。

B. 饒有興趣地參加。

C. 當場就直率地謝絕邀請。

_____12. 對你來說，以下哪個是真實的？

A. 我喜歡稱讚和誇獎我的朋友。

B. 我認為誠實是最重要的，如果是為朋友好的，我是不會保留

的；所以，我常常說話太直而令場面異常尷尬。

C. 我不奉承但也不會批評我的朋友。

___13. 你是否發現——

A. 你只是與那些能夠與你分擔憂愁和歡樂的朋友們相處得很好。

B. 一般來說，你幾乎和所有人都能相處得比較融洽。

C. 有時候你甚至和對你漠不關心或是自私的人，都處得來。

___14. 假如朋友對你惡作劇，你是否——

A. 跟他們一起大笑。

B. 感到氣惱，但不溢於言表。

C. 可能大笑、也可能發火，這取決於你當下的情緒。

___15. 假如朋友想依賴你，你有什麼想法？

A. 在某種程度上不在乎，但還是希望能和朋友保持距離，有一定的獨立性。

B. 很不錯，我喜歡讓別人依賴，認為我是一個可靠的人。

C. 我對此持謹慎的態度，比較傾向於避開可能要我承擔的某些責任。

算一算你的得分吧：

題號	A	B	C	題號	A	B	C
1	3	2	1	9	3	2	1
2	3	2	1	10	2	1	3

3	1	3	2	11	2	3	1
4	3	2	1	12	3	1	2
5	2	3	1	13	1	3	2
6	1	2	3	14	3	1	2
7	3	2	1	15	2	3	1
8	2	3	1				

★ 15分～25分：

你很可能是一個孤僻的人，想法不靈活、個性不開朗、喜歡獨來獨往。但是，這一切並不意味著你不會交朋友，更不能武斷地說你人緣差；其主要原因在於，你對於社交活動，對人和人之間的關係並不是那麼重視。但是，請你記住，一個人生活在社會中，就不可能不和人交往！若你能深切明白這一點，你就會積極地改善自己的交友方式了。

★ 26分～35分：

你的人緣不怎麼好，你和朋友們的關係不緊密，時好時壞，經常處於一種起伏波動的狀態中；這就代表，一方面你確實想讓別人喜歡你，想多結識一些朋友，儘管你做出很大的努力；但是，別人並不一定喜歡你，朋友跟你在一起可能不會感到輕鬆愉快；你只有虛心聽取那些逆耳忠言、真誠對待朋友、學會正確地待人接物，你的處境才會改變。

★ 36分～45分：

你對周圍的朋友都很好，你們相處得不錯；而且，你能夠從平凡的生活中得到很多樂趣。你的生活是比較豐富多彩而且充實的，你很可能在朋友中具有一定的威信，他們很信任你；總之，你的人緣很好。

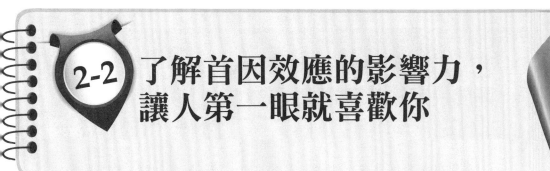

2-2 了解首因效應的影響力，讓人第一眼就喜歡你

如果看見一個穿著得體、舉止優雅、言談有禮的人，多數人會猜想這個人的修養應該不錯，對人也很有禮貌，因而產生好感，友善對待，但要是看見一個穿著誇張、講話大聲、繃著一張臉的人，就可能產生厭惡、排斥、害怕的情緒，這就是人們常說的「第一印象」，也就是先入為主的效果。

美國著名人際關係專家哈伯德（Elbert Hubbard）曾提出關於第一印象的「7／38／55定律」，意即你留給他人的第一印象是好是壞，通常取決於多方面的因素影響，其中談話內容佔了7％，說話的快慢、語調、音量佔了38％，非語言部分如臉部表情、肢體動作、穿著打扮則佔了55％。這意味著首次與人接觸時，你的外在表現會影響對方對你的第一印象，而在心理學中，這便是「首因效應」的心理作用。

我們常說的「給人留下一個好印象」，一般就是指第一印象，這裡就存在著首因效應的作用。因此，在交朋友、應徵工作、談生意等社交活動中，我們可以利用這種效應，展示給人一種極好的形象，為接下來的交流打下好的基礎。

首因效應（Primacy Effect）
瞬間決定好感度的驚人威力

　　首因效應也稱為首次效應、優先效應、第一印象效應，它是指人們首次與某些人事物接觸時，腦內會對首度認知到的人事物留下第一印象，而就算往後進一步接觸，或是獲知了更多有關資訊，人們仍會高度重視在第一印象中所認知到的資訊。這也就是說，當一個人對你的第一印象是「待人冷淡」，對方就會把這種印象深刻記在腦海中，即便之後有人說你其實生性熱情，對方也不容易因此改變觀感，還是會比較認同他自己首次所認知到的印象。

　　美國心理學家盧欽斯（Abraham S. Luchins）曾經做了一個關於首因效應的實驗，證明人際交往中給人留下的第一印象至關重要，而且主要資訊出現的次序也對印象形成有著重大影響。一九五七年，盧欽斯找來一群大學生參加實驗，他先將學生們分成四組，隨後為他們介紹某位陌生人。他對第一組學生說：「這位先生是個性格外向的人。」而在跟第二組學生介紹時，則說：「這位先生是性格內向的人。」接下來，他向第三組學生介紹說：「這位先生是性格外向的人。」不過稍後又說：「他其實是很內向的人。」輪到第四組學生時，他顛倒了第三組的介紹詞，先說對方是性格內向，隨後又改口說他很外向。

　　之後，盧欽斯要求四組學生依據早先的介紹詞，各別描述他們心

中對這位陌生人的觀感。第一組認為他性格外向，第二組學生認為他性格內向，第三組學生認為他性格外向，第四組學生則認為他性格內向。實驗結果顯示出，第三組、第四組學生聽到盧欽斯前後不同的介紹詞時，他們傾向接收盧欽斯最先提供的說詞，這表示人們最先接受的資訊將大幅影響第一印象的形成，同時也說明了首因效應的持續時間長、心理影響力強。

事實上，這個實驗結果也常發生在日常生活中，好比剛上任的主管，為了樹立權威、展現才能，經常「新官上任三把火」，除了頒佈新措施，還會進行組織革新，藉以留給部屬「我具有領導能力」的第一印象，往往這便決定了日後上司與下屬之間的職場關係、工作模式。由於首因效應常對人際往來具有強大作用，我們若能善加運用，力圖留給別人正面的第一印象，將對擴展社交圈、建立良好人際關係大大有利。

首因效應引發盤根錯節的心理反應

首因效應告訴我們，人們對一個人的第一印象與首次看法，將會左右彼此日後的相處模式與互動心理，而多數人可能不知道首因效應往往也牽動著以下四種心理效應。

1. 定勢效應

所謂的定勢效應是指人們會侷限於既有的經驗與認知，以固定

的方式判讀外界事物或是採取反應行為，一旦別人在首因效應中對你定勢，形同將你個人的言行舉止完全定型，因此就產生趨向性、專注性，或是產生分離性、偏向性。換言之，在定勢效應的心理支配下，如果別人對你的第一印象是「你值得信任」，他就會對你的每句話都深信不疑，相反的，如果對方覺得你是個表裡不一的人，那麼無論你說什麼、做什麼，他都會懷疑你的真誠度。

2. 相容效應

這是指人們通常只有先接受你這個人，才能接受你的觀點，所以心理上的相容通常是建立信賴關係的前提，如果對方與你的首次接觸中，已經在心理上接受你、認可你，之後就會消除戒備，坦誠相告，甚至對你推心置腹。

3. 月暈效應

我們觀察某個人的時候，如果對他的某項特點有清晰鮮明的認知，就會以此廣泛推論、評價他的各項特點，所以，反過來看，如果在雙方不甚熟悉的情況下，若是你能留給對方一個良好印象，就能促使月暈效應發揮正面影響，意即對方將放大好感度的光圈，以友善眼光看待你往後的言行舉止，並且樂於與你親近，相反的，要是一開始就給對方壞印象，厭惡光圈就會緊緊跟著你。

4. 威信效應

在現代社會中，一個做事可靠、具有威信、受人敬重的人，通常

會讓人們重視他說的話、他做的事，並且對他產生信賴感，而良好的第一印象將有助於樹立個人威信。假設你與別人首次共事工作，並且盡可能展現你的工作熱忱、負責任的態度，留給對方一個好印象，通常就能提高對方對你的信賴感，這不僅有利於日後的工作推動，也可以使做事效果事半功倍。

我們不難發現，首因效應以及它所影響到的相關心理效應，通常是人際關係後續往來的發展依據；正面的、良好的第一印象可以促進往來意願，增進關係，負面的、不好的第一印象則會降低往來意願，提早讓互動關係劃下句點。從某種程度上來說，首因效應引發的心理活動可說是盤根錯節的藤蔓，正因為如此，我們更該重視與人互動時的首次形象形成，若能替自己打造正面的個人形象，讓別人從一開始就接納你、認可你，那麼無論是在工作、社交、日常生活上，都將帶給我們相當大的助力！

博得他人良好印象的捷徑：面帶微笑

心理學研究發現，人們與一個人初次會面時，只需要四十五秒的時間就能在腦中產生第一印象，而且這最先的印象往往具有主導地位。這意味著，假使你不能在四十五秒內獲得對方的初步好感，讓對方留下一個「你還不錯」的第一印象，通常繼續往來的機率就會降低不少，尤其在生活節奏快速的現代社會裡，很少有人願意花時間去瞭解一個印象不怎麼樣的人，不過更糟糕的是，就算有人願意花費這樣

的時間，首因效應的實驗結果卻證明了第一印象通常是難以改變的。

如此說來，如果想留給別人良好的第一印象，你只有四十五秒的表現時間，而在這麼短暫的時間內，別人是從你的性別、年齡、體態、姿勢、談吐、臉部表情、衣著打扮，開始判斷你的內在素養和個性脾氣，從而形成對你的第一印象。這聽來似乎我們得準備許多功夫，才能在陌生人士面前表現良好，然而有個快速而有效的捷徑是：對人面帶微笑。

史坦哈特（William Steinhardt）是紐約證券股票公司中的成功者，剛到這個環境他卻是不受人歡迎的人物，因為人們對他的第一印象常是：「這傢伙發生什麼事了？他的表情糟透了！」後來他決定學著對人保持微笑，至少不要再被人誤解他有滿腹心事，或是猜測他是個性格陰沈的人。

過了兩個月的「微笑生活」後，史坦哈特知道自己的人生有些改變了，以往他總覺得與人相處是件困難的事，現在卻完全相反，比方他在交易所對陌生人微笑，對方也對他報以微笑，又或是當他面帶微笑並以輕鬆的心情與滿腹牢騷的人交談時，過去總是感到棘手的問題，竟變得很容易解決，而他也從中學會讚美與欣賞他人，並且懂得以對方的觀點看待事物。他清楚認知到自己漸漸成為一個受人歡迎的人，毫無疑問的，微笑除了為他帶來許多的方便和收入外，也讓他擁有快樂、友誼與幸福。

所有人都希望別人用微笑去迎接他，因此以微笑贏得別人的好感，往往是安全、不花費成本又有效的方式。有些公司在應徵員

工時，更以面帶微笑為第一條件，希望他們的員工能以臉上的笑容將自家公司推銷出去。例如希爾頓飯店集團（Hilton Worldwide Corporation）創始人康拉德・希爾頓（Conrad Hilton）視察業務時，經常詢問飯店服務人員的一句話就是：「你今天對客人微笑了沒有？」他確信微笑有助於希爾頓飯店的發展，而事實也證明人們投宿在充滿微笑、服務用心的飯店中，的確能真正有「賓至如歸」的感受。

美國心理學家詹姆士（William James）曾說：「微笑先行來到，心底的快樂才能隨之而來。」微笑具有傳染性，當你對一個人微笑時，就會引發對方愉快的感受，自己也會從中感到快樂，與此同時，人與人之間的防備心還能自然消除，可見「微笑相待」對於人們的身心、社會生活都有極大幫助。如果你還在為如何留給他人良好的第一印象而煩惱，不如先從面帶微笑開始做起，這能讓你在與人碰面的四十五秒內，率先贏得友善的笑容，並且留給他人熱情、和善、友好、誠摯的初步印象，往往這就是雙方建立良性互動關係的開始。

善用首因效應，完成漂亮的自我推銷

當你希望形塑良好的外在形象，留給他人美好的第一印象時，除了面帶微笑外，還需要留意以下兩點：

1. 保持儀表整潔，打扮得體

　　一般情況下，人們對於衣著整潔、打扮得體的人都會萌生好感，但打扮得體的意思並不是說你得穿上昂貴西服、華麗洋裝，或是讓全身上下配戴高檔精品，許多時候，你與其讓自己穿得「好」，不如穿得「對」，依據場合、個人特色挑選適合的裝扮，反而能讓別人留下你落落大方、裝扮得宜的好印象。

2. 言談舉止有禮貌，展現風度

　　不管你的社會地位、身分背景、職務頭銜是什麼，與人往來時，言談舉止都要留意是否有禮貌，同時說話要從容不迫、語速要保持適中，最重要的是，當你想展現自己的才智與優點時，千萬不要誇大其詞或刻意炫耀，有時這種意圖搶奪鎂光燈的行為，只會引發他人反感，甚至認為你自大囂張。總之，務必拿捏你與他人的關係尺度，適度自我表現，才能留給他人好印象與好評價。

　　我們在與他人交往的過程中，總希望能與他人和睦相處，並且獲得對方的尊重和認可，因為這意味著我們被他人欣賞、肯定和接納，而在初次接觸時，若能充分掌握首因效應的影響力，利用它來幫助我們完成漂亮的自我推銷，就能有效開啟他人的心門，建立互動良好的人際關係。

首因效應你可以這樣用！

① 以廣結善緣的心理建立人際關係網

　　首因效應以及它所影響到的相關心理效應，通常是人際關係後續往來的發展依據，也就是說人們對你的第一印象好壞，將會左右日後的相處模式與互動心理，而在從事管理、職場社交、業務推廣、結交朋友等活動時，你應努力留給別人正面的第一印象，這將能為雙方良好的互動關係打下基礎。

② 避免以表面印象取捨互動關係

　　在首因效應的作用下，他人留給我們的第一印象是最具影響力，但人際往來互動時，背後的「結交目的性」往往也是短時間內難以確認，因此應留意對人不要過於先入為主，把第一印象變成對他人的總結性評價，畢竟過早以表面印象取捨一段互動關係，有時會發生誤交損友、錯失益友的憾事。

Let's test !　你給別人的第一印象是什麼？

　　從性格、愛好、特質和受歡迎程度等方面來比較，你覺得自己最像以下哪一種動物？

Ⓐ. 狗。　　**Ⓑ**. 貓。　　**Ⓒ**. 馬。　　**Ⓓ**. 牛。

選Ⓐ：不易給人強烈的印象，稍不留神，你就會被混入人群，看不見蹤影。

選Ⓑ：如果是男性選到B，表示他可能給人留下的印象傾向於女性化，如果是女性選到B則具有吸引人的魅力，總想引起別人的注意，也往往結果也是這樣。

選Ⓒ：在人群中總是突出的人物，因為你有著迷人的氣質，而且會在你的一舉一動中時時顯現。

選Ⓓ：別人會對你展現出的堅毅氣質感到佩服，而且你有著驚人的耐力，不達目的絕不甘休，不過你的倔強脾氣也常會是別人無法忍受地方。

2-3 海克力斯效應的忠告：
別當瘋狂回擊的憤怒鳥！

有句話說：「一樣米養百樣人。」當我們與他人互動時，一定會遇到價值觀不同、意見相左、立場對立、利益衝突的人，如果彼此之間存有誤解，或者是發生口角爭執，我們應該如何處理才能讓事情圓滿落幕？

面對人際關係的摩擦、矛盾與衝突，有些人對傷害自己、讓自己不愉快的人，經常採取「以眼還眼，以牙還牙」的攻擊行為，他們認為既然對方要跟自己過不去，那也要讓對方感到不痛快，只是發洩不滿之後，又可能刺激對方加倍報復，結果使得雙方關係陷入惡性循環之中。在社會心理學中，個人之間、群體之間的冤冤相報，經常導致「海克力斯效應」的發生，意即雙方在相互爭鬥的過程中，往往會加深心理的仇恨感，彼此報復攻擊的行為也將越演越烈，而這種復仇心理對人際關係、社會群體生活無疑是帶來了莫大的阻力和壓力。

身處複雜多變的現代社會，所有人都希望自己能擁有和諧、正面的人際關係，但正如一句諺語所說：「你的蜂蜜可能是他人的毒藥。」有時我們認同的立場與意見，別人很可能駁斥又反對，而在遭

遇人際矛盾衝突事件時，我們唯有學會管理憤怒，處理並化解衝突，才有可能讓雙方試著一同解決問題，進而讓互動關係朝向正面發展。

海克力斯效應（Heracles Effect）
與人衝突時，小心走入怨恨死角

海克力斯效應源自一則希臘神話故事；相傳，海克力斯是個大力士，某天他獨自行走在狹窄的山路上時，忽然間出現了一隻怪獸擋住他的去路，疑心之際，他隨手撿起路旁的木棒攻擊怪獸，就在他以為成功把怪獸趕跑時，沒想到牠又出現在面前，而且體型居然慢慢膨脹變大。海克力斯又驚又怒，握著木棍更加用力地攻擊怪獸，可是怪獸非但沒有受傷，體型還變成了原本的三倍大，直到完全堵住山路。

正當海克力斯與怪獸搏鬥得滿頭大汗時，智慧女神從山中走來，她對海克力斯說：「停止你的攻擊吧！這頭怪獸的名字叫做爭鬥，你越是攻擊，牠越會膨脹變大，並且與你敵對到底。只要你不再侵犯牠，牠就會變回原本的樣子，到時你試著繞過牠行走，就能走出山谷了。」海克力斯聽從女神的建議，馬上停止了對怪獸的攻擊，果然怪獸慢慢地就變回了一開始的體型。

海克力斯效應告訴我們，人與人之間的爭執、誤會、不愉快就

如同海克力斯所遇到的怪獸，原本一開始的小小不快，如果你選擇忽略它，或是明智地處理它，你與他人的衝突就可以即時化解，但要是你對這些不愉快耿耿於懷，老是覺得自己氣不過，試圖要報復對方、教訓對方，通常對方只會加倍報復你，而平息相互攻擊的有效方式就是：率先停止不明智的攻擊，讓彼此恢復理智，展開有建設性的對話。

為衝突事件設下停損點，別被負面情緒牽著走

人生在世，難免與人發生誤會、摩擦，如果常與人一言不和就爭得臉紅脖子粗，很容易就讓心靈背負沉重的包袱，連帶地也影響到自己的人際關係，但假若為了維持人際關係的和諧，進而刻意壓抑情緒、隱藏真實想法，也會造成個人的身心負擔。面對人際關係的衝突時，我們首先要理解到沒有人能完全取悅眾人，與人意見不和、立場相反也是常有的事，萬一不幸與人發生了口角爭執或嚴重摩擦，我們應該學會以正面態度去看待並處理，避免自己淪為情緒的奴隸，做出意氣用事的報復言行。

依據社會心理學家的研究發現，報復心理的產生不僅與人格特質有關，也與挫折的歸因和環境有關，當報復者沒有足夠的心理承受能力，以及公開的反擊能力，就會採取隱蔽的報復方式，好比下屬不滿上司的責罵，就刻意散播對上司不利的謠言，但不管報復者是正面直接攻擊，還是私底下耍手段，報復心理都會使人陷入一種不健康的心

理狀態。

　　一般說來，報復心理常發生在遇到挫折、遭人侮辱、需求不被滿足的時候，人們宣洩不滿與怒火的方式，多半是反擊引發負面情緒的人，因此無論是口頭上的謾罵挑釁、肢體上的碰撞扭打，甚是其他檯面下的小動作，報復行為多半都極富攻擊性和情緒性，往往這不僅造成他人的威脅，也有害自我身心健康，更糟糕的是，當你報復他人時，別人同樣也會如此回敬你。

　　很多時候，我們之所以會與人發生衝突，氣恨得牙癢癢，多半是因為站在「本位主義」去看待他人的言行與觀點，要是能讓自己換位思考，站在他人立場看問題，有時就能減少誤解，消弭不滿情緒，甚而讓報復心理的火苗熄滅。當然了，有時我們理智上知道「憤怒與報復對事情沒有幫助」，可是情感上卻怒火高漲，這時不妨用不傷害自己與他人的方式宣洩情緒，平息怒火，切勿在一念之間讓自己變成追打爭鬥怪獸的海克力斯，這樣才能讓衝突事件停損，預留雙方可能進一步修補關係的機會。

衝突未必不好，只要懂得賦予它建設性的意義

　　俗諺說：「好言一句三冬暖，惡語傷人六月寒。」人際互動的過程中，即便出於好意，只要用語用字不當就可能引人誤解，更不用說刻意嘲諷、惡聲怒罵所造成的殺傷力，而通常這種時候也考驗著一個人的情緒控制力，以及衝突管理能力。當別人對你冷嘲熱諷時，如果

以不卑不亢的態度從容應對，不僅能擺脫當前的困境，還能贏得別人的尊重，而受到他人的攻擊與責難時，不要光想著自己的面子是否掛不住、自尊心是否受到損害，試著切換看問題的角度，有時能讓人找到引發衝突的問題點，進而思考如何化解雙方之間的矛盾與對立。

事實上，我們常用情緒去詮釋外界事物，而不是全然以理性予以判斷，好比其實可以一笑置之就算了的小事，往往能因放大負面情緒而變成壞事，一件令人不愉快的事情也能因為幽默自嘲的念頭，忽然轉化成輕鬆看待的事。這意味著看待人際關係衝突時，你以何種情緒去詮釋它，將會影響你的應對行為。

舉例來說，英國前首相布萊爾（Tony Blair）和妻子都熱衷投資房地產，他們先後進行過五次置產，但其中有四棟房屋都在不同時期出現過巨額虧損。為了購置房產，布萊爾夫婦申請了五百萬英鎊以上的貸款，這對布萊爾來說可是不小的壓力，因為作為首相的稅後月收入，還不足以讓他償還每個月二萬英鎊的房貸。最後，他出售了倫敦北區的房子，但他馬上就後悔了，因為該地區的房價居然在他脫手後大漲，這一來一往令他少賺了近百萬英鎊。

布萊爾看房價天天上漲，忍不住再次出手在倫敦市中心買下了一棟豪宅，本來他的盤算是把豪宅出租，再以租金來償還貸款，誰知道房子既沒有升值，連收到的租金也少得可憐，但若在此時選擇出售的話，馬上又將損失近七十萬英鎊，不難想見的，他這位堂堂英國首相成為了「房奴」。英國媒體知道這件事後，不少記者跑去採訪他的「感想」，面對記者的尖酸提問，他沒有惱羞成怒或面露不悅，而是

幽默地說：「大家應該和我一樣感到幸運，因為我目前是英國首相，而不是財政大臣。」以親民著稱的布萊爾，在投資失敗這件事上不怕被公眾嘲笑，其坦然面對、幽默自嘲的態度，除了贏得民眾的支持外，也為他個人的魅力加分不少。試想，如果他在鏡頭前擺臭臉、斥責記者，那結果可就截然不同了。想必大家還依稀記得前總統千金陳幸妤面對媒體發飆的種種畫面，是不是她反應越大，記者們更是不會放過她，老愛追著她跑吧?!

我們不難發現，許多時候，一個念頭的轉彎就能改變原先被看壞的局勢，正如成大事者不會坐困愁城，反而能把困境變為有力的成功跳板。一個習慣負面解釋問題的人，通常認為問題本身是證明了自己的短處與無能，並且較易以沮喪、不滿或惱羞成怒的情緒看事情，但往往不良情緒會遮蔽處事的智慧，反觀一個習慣正面解釋問題的人，多半較少受到不良情緒的牽制，也常把思考焦點放在「我接下來怎麼做比較好」，進而採取積極作為，讓事情能朝好的方向發展。

面對人際衝突也是一樣的道理，我們可以選擇用積極心態去面對，努力把衝突事件轉化成促進雙方了解、尋求共識的契機，往往在嘗試讓衝突事件變得具有建設性的過程中，那些你來我往的口角爭執或立場辯論，也能成為雙方坦承真實想法、化解歧見的溝通機會，而這也正是海克力斯效應的積極精神：你可以在兩敗俱傷之前停手，選擇當個讓雙方走出爭鬥山谷的聰明人。

壓抑怒氣會內傷？簡單三招讓自己熄火

畢達哥拉斯曾說：「憤怒以愚蠢開始，以後悔告終。」對付憤怒最好的辦法就是寬容，因為引起你憤怒的，必定是有人做錯事或是嚴重冒犯了你，如果能懷著寬容的心去處理，就能既平息怒火又解決問題，只是這種近乎高等修為的境界不是人人能做到，這也是為何大家都明白「退一步，海闊天空」的道理，可是真正與人發生衝突時，還是會氣怒到頭頂冒煙，甚至就算事情過了好幾天，仍然感覺餘怒未消。

有人說把怒氣發洩出來，好過自己生悶氣得內傷，但是多數人在盛怒之下會衝動行事，說起話來也常口不擇言，就算有心把事情說清楚，也難以好好表達給對方知道，那麼到底我們該如何處理自己的憤怒比較妥當呢？

1. 離開現場，或是暫時中止對談

當我們被人冒犯羞辱、或是與人意見嚴重不和時，憤怒情緒會油然而生，為了避免氣怒之下衝動誤事，如果情況允許，你可以先離開現場，同時告訴對方擇時再談，好讓彼此都有時間恢復冷靜，好好針對問題思考一番。假使你當下無法離開現場，你也可以請對方先暫停對談幾分鐘，給予雙方喝一杯水的時間，哪怕只有短短五分鐘，也能發熱的腦袋、高漲的怒火稍微冷卻，最重要的是，利用這段時間整理思緒，在此之後，雙方重新展開對談，比較能避免對話淪為情緒爭吵。

2. 換位思考

當你與人發生不愉快時，不妨換位思考，將自己置身於對方的境遇中，想想自己如果是對方會怎麼做？利用這樣的換位思考，將有助於你從另一個角度去貼近對方的處境與心情，往往跳脫本位主義的觀看角度之後，你對他人給自己帶來的挫折或不愉快會有不同想法，有時這會讓你感到怒氣逐漸消退，並且把重點放在問題的解決之道上。

3. 採取沒有副作用的方式發洩不滿

憤怒情緒是一種本能的能量，積蓄到一定程度時，找個安全方式發洩能減除身心壓力。例如你可以找個值得信賴的對象傾吐不滿，同時聽聽他人的評論或勸解，也可以利用跑步、游泳、打球等運動來減壓，當然你可以把自己的憤怒、委屈寫在紙條上，毫無限制地大大發作一場。一般說來，經由憤怒情緒的宣洩，你心中的火氣會消減一大半，也比較能理智思考問題。

以智慧化解人際衝突，拓寬你的成功之路

人際之間的往來就像是山谷回音，你發出什麼樣的聲音，得到的也是同樣的聲音。與人發生爭執時，怒目相向、不停叫罵並沒有益處，即使自己是有理的一方，也應避免「得理不饒人」，與其大肆發作怒氣，過分數落和指責對方，加遽問題的惡化，使得雙方關係破裂，不如以智慧來化解衝突。

每個人都希望自己能擁有好人緣，但是人與人之間的交往難免發生摩擦、誤會與衝突，此時別忘了海克力斯效應的忠告，避免讓怒火與敵意成為不斷膨脹的怪獸，而無論人際衝突事件的大小，我們都應學會處理自己的憤怒情緒，保留三分寬容心，適時給對方一個臺階下，這樣做的好處不僅是給自己一條後路，也是讓雙方有修補、重建關係的機會，畢竟在群體社會中，多一位朋友，永遠多一份成功的機遇！

海克力斯效應你可以這樣用！

① 提醒自己別當爭強好戰的人際輸家

　　與人發生摩擦或爭執時，提醒自己憤怒有百害而無一利，報復心理也只會讓雙方關係陷入惡性循環，唯有學會控制脾氣，靜下心來評估自己的處境，才有可能找到化解衝突的方式。請牢記：人際互動中，凡事智取才能成為贏家！留給雙方修補關係的機會與台階，好過日後成為狹路相逢的死對頭。

② 賦予衝突事件積極意義，讓爭吵也能有建設性

　　人際衝突事件的發生，常常是因為彼此不夠熟悉而有所誤解，或是看事情的角度不同而意見相左，若能以正面的心態，理性地將爭論過程轉化成坦承真實想法、化解歧見的溝通機會，除了能加深彼此了解、有助於解決問題之外，也可以活絡雙方的互動關係。

2-4 想要揪團做大事？善用有求必應的登門檻效應

身處發展快速的現代社會，人們比往常更強調分工合作、相互支援的精神，因為每個人貢獻一點能力的結果，往往就能造就一件大事的完成，這也意味著在日常生活中，你我都會遇到他人請求援助的狀況，而我們自己本身也會有遇狀況、某事件而有求於人的時刻或是必須說服某人做某事件。像是當員工的，總想說服老闆為自己加薪；做父母的，都會想要求孩子少打電動多唸書。做孩子的會想要父母在寒暑假時帶他們出國去玩……類似的說服或別人的請求，我們每天都會遇上好多次。

大多數人都認為一個廣受歡迎、人緣好的人比較容易獲得他人的幫助，於是豐沛的人脈便與「人際應援團」劃上等號，但事實上不管你擁有多少人脈，難度越高的請託，越容易降低人們伸出援手的意願，因此「我該怎麼請求他人幫助」、「我要如何拒絕他人請求」就變成了一場角力擂台賽。人際往來互動的過程中，請求他人與拒絕他人都需要智慧，如果你希望有人協助你完成某件難事時，善用「登門檻效應」往往能讓對方一步步地接受你的請託。

登門檻效應（Foot in the Door Effect）
成功說服人的心理妙用

　　登門檻效應源自美國社會心理學家佛里曼（J. L. Freedman）與助手傅雷澤（S. C. Frase）的一次實驗；一九六六年，他們安排兩位大學生到A社區與B社區進行遊說，目標是讓居民響應安全駕駛計畫，並在自家門前豎起寫有「小心駕駛」的警告標識，但是那警示牌的設計卻不怎麼美觀。當這兩位大學生抵達A社區後，他們直接向居民提出豎牌要求，但只有17%的居民同意這麼做；輪到B社區時，兩位大學生依照實驗設計採取了不同的遊說方式，他們先請求居民在贊成安全駕駛的請願書上簽名，結果幾乎所有人都簽字表示認同，幾星期過去後，那些大學生回到B社區向居民提出豎牌要求，而這次竟然有高達55%的居民同意他們的請求。

　　這項被定名為「無壓力屈從：登門檻技術」的實驗，說明了先讓人們接受較小的要求（請願書簽名），就能促使對方逐漸接受較大的要求（豎立不美觀的警示牌），日後也有更多類似實驗進一步驗證了登門檻效應的存在。例如有位心理學家走上街頭，直接要求市民捐款給癌症學會，成功率是46%，後來他將請求分成兩階段來進行，第一天他請人們配戴紀念章為癌症慈善捐款做宣傳，每個參與者都欣然同意這麼做，隔天，他再要求這些佩戴紀念章的人們捐款，成功率高達90%。

心理學家認為，人們都有保持自己形象一致的願望，一旦先行表現出助人、合作的言行，即便別人後來的要求有些過分，人們也願意接受；換言之，要讓他人接受一個高難度或是費力費時的要求時，最好先讓對方接受一個小要求，如此一來，對方對於之後更高的要求就比較容易接受。這是因為人們只要接受他人微不足道的要求後，為了避免認知上的不協調，或想給他人前後言行一致的印象，就有可能接受更大的要求，這種現象猶如登門檻時，如果能一階一階逐步而上，將能更容易、更順利地登上高處。

以尊重之心請託他人，登門檻效應更容易奏效

登門檻效應又被人稱為「得寸進尺效應」，儘管多數人認為「得寸進尺」是聽起來比較負面的詞，但在實際的日常生活中，它卻傳達出另外一種精神意涵。當我們希望身邊的人提供援助時，如果一開口就是令人為難的大要求，即便是交情再好、關係再親近的人，也很難馬上點頭答應幫忙，但要是逐步提出要求，不斷縮小差距，情況就會不一樣了。

通常人們接受了他人的一個小請求之後，如果對方再度提出的要求並不會造成自身損失，那麼多數人為了避免被認為是言行前後不一的人，就會產生「反正上次都幫了，再幫一次又何妨」的心理，於是登門檻效應便發揮效果了，漸漸地，人們在不斷接受小要求的過程中，就會適應那些逐漸提高難度的要求，最後甚至會答應自己原先可

能十分抗拒的事情。

但要注意的是，不管你請託他人提供何種援助，或是企圖說服他人共同完成哪些事，都別忘了抱持「尊重他人」的態度，往往這牽涉到事成之後，你與對方的互動關係能否保持良好。許多時候，人際往來之間的相互協助也能深化友誼、增進信賴關係，但帶有欺騙、惡意利用、佔人便宜的請託，很容易會摧毀關係又損及個人聲譽，因此運用登門檻效應時，千萬別忘了「以誠出發，尊重他人，循序漸進」的原則。

生活中隨處可見的登門檻效應

在日常生活中，登門檻效應除了能運用於請求他人幫助、說服他人支持某項行動計畫之外，諸如銷售商品、追求心儀對象、親子教育等範疇也同樣適用。以銷售商品為例，根據銷售心理學研究發現，業務員如果在客戶開啟家門的時候，直接站在門檻邊介紹商品，多半會馬上吃到閉門羹，但如果有機會走進客戶家中，以技巧性的方式開口介紹產品，成功售出的機率就能提高，所以關鍵是業務員顯然無法站在門邊告訴客戶：「我要進去你家賣東西給你！」這時就得看業務員能否各顯神通，運用登門檻效應努力打開客戶的心門。

例如銷售滅蟑藥的業務員按下門鈴後，通常會對客戶說：「您好，我是除蟲公司的業務員，本公司正在舉辦免費滅蟑活動，請問府上有蟑螂或其他害蟲的困擾嗎？我們可以免費幫你進行一次除蟲工

作。」當客戶接受這項提議，並且打開大門歡迎業務員時，在除蟲過程中，雙方就有機會平和交談，最後很可能是客戶買了滅蟑藥，業務員也幫客戶滅蟑一次，結果皆大歡喜。儘管除蟲公司或許是規定業務員賣出滅蟑藥後，可以免費幫助客戶滅蟑一次，然而業務員把銷售後要幫客戶做的事情，提前到交易完成之前進行，二者即便實質完全相同，可是帶給客戶的心理感受卻有天壤之別，換言之，先幫忙再銷售的做法更能讓大多數人接受。

事實上，一個有經驗的業務員絕對不會直接要求客戶購買商品，反而懂得運用登門檻效應步步進攻，往往先提出試用、試穿、試吃的建議，讓客戶逐漸接納商品後，再進一步提出購買要求，才能增加成交機會，而我們平常和他人的互動往來也是同樣道理；好比男士在追求自己心儀的對象時，如果想「一步到位」，一開口就提出要與對方共度一生的想法，此舉恐怕不把對方嚇跑才怪，因此大多數男士不會如此莽撞冒失，而是經由看電影、吃飯、約會、出遊等過程，逐步達到讓彼此關係增溫的目的。

此外，上司希望下屬執行某項艱難任務，卻又擔心下屬心生抗拒時，不妨先將性質類似但難度較小的任務交辦給下屬執行，或是提出一個比過去稍有挑戰性的工作要求，當下屬完成小任務、達成小要求後，再逐步提出更高的要求，不但能杜絕下屬的抗拒心理，預期的工作目標也更容易實現。

別被門檻拌一跤！登高前，先搭設好你的階梯

登門檻效應告訴我們，無論是經營人際關係、執行職場工作，或是處理日常生活大小事，我們都應循序漸進，不可急於求成，凡事唯有一步一步進行，打好穩固基礎，才能踏實完成計畫，實現目標。

從某方面來說，登門檻效應反映出人們在學習、生活、工作中普遍具有避重就輕、避難趨易的心理傾向，而如果你正在思考如何實現個人的長遠目標，以下的故事將能讓你有所啟發。

據說在一九八四年的東京國際馬拉松邀請賽中，一位名不見經傳的日本選手山田本一出人意料地奪得了世界冠軍。當記者問他為何能取得如此驚人的成績時，他是這麼回答的：「我是憑著智慧戰勝對手。」

當時許多人都認為他的答案過於抽象，畢竟馬拉松比賽是講求體力和耐力的運動，爆發力和速度也還是次要條件，只要身體狀況好又具備耐力就有望奪冠，因此「以智慧贏得馬拉松冠軍」的說法確實令人難以想像。

兩年後，義大利國際馬拉松邀請賽在義大利北部城市米蘭舉行，山田本一代表日本參加比賽，這一次他又獲得了世界冠軍。賽後，記者在訪談中又問起他之所以能奪冠的原因，而他的回答仍是上次那句話：「用智慧戰勝對手。」只不過這回記者沒有在報紙上挖苦他，僅僅表示對他所說的智慧取勝法感到疑惑與不解。

十年後，這個謎團終於被解開了。山田本一在他的自傳中寫道：「每次比賽之前，我都會開車去實地觀察比賽的路線，並且把沿途比較醒目的標誌畫下來，比方第一個標誌是銀行、第二個標誌是一棵大樹、第三個標誌是一座紅房子……，這樣一直畫到賽程的終點。比賽開始後，我先集中心力奮力朝向第一個目標衝刺，到達第一個目標後，我又以同樣的速度衝向第二個目標。四十公里的賽程就被我分解成幾個小目標，這讓我能比較輕鬆地跑完全程。剛開始我並不懂這樣的道理，我把目標定在四十公里終點線上的那面旗幟上，結果跑到十幾公里時，我就疲憊不堪了，而且我還被前面那段遙遠的路程給嚇倒了。」

其實山田本一的智慧取勝法，運用的正是登門檻效應的原理；當你試圖實現個人的長遠目標時，不能只把眼光與心思放在遙遠的終點上，同時也應思索如何設定階段式的目標，以及應該採取哪些行動計畫，這將能幫助你紮實地打好基礎，並且協助你適時調整計畫走向，進而避免三分鐘熱度的半途而廢，或是迷失了正確的努力方向。

對於多數人來說，制訂計畫與目標並不困難，困難的是如何讓自己採取實際行動，如果能運用登門檻效應，將自己的長遠目標區分成短期計畫、中期計畫、遠程計畫，進而帶領自己一階一階地往上爬，將會好過莽撞地胡亂衝刺，與此同時，也能避免自己不會因為目標過於遠大，產生畏懼心理而坐著空想，遲遲不敢行動。

人際互助關係的三大原則：互重、互信、互惠

常言道：「在家靠父母，出外靠朋友。」或許你在下一刻就必須請求他人提供援助，或是說服別人支持你的計畫，但記得開口請託之前，想想如何運用登門檻效應，同時靜下心來問問自己：「我該如何做才能讓對方答應我的要求？」事前想一想，能讓你保持冷靜，不至於衝動行事，並且避免只站在自己的立場與需求上考慮事情，卻忽略了對方可能的為難之處。

我們必須牢記的是，在人際關係的互動過程中，一旦有一方感覺自己做出了單方面的重大犧牲，很容易就會讓這段關係蒙上陰影，換言之，無論是工作事務、個人生活、情感經營，我們若能顧及並給予別人需要的益處時，對方也會以同樣的方式做出回報，唯有秉持互重、互信、互惠的往來原則，我們才能與身邊的每個人發展深刻、可靠、值得信賴的人際關係！

登門檻效應你可以這樣用！

① 請託他人時，循序漸進提出要求

不管是職場工作或是私人事務，當你希望別人幫你完成一件有難度的事情時，最好能先向對方提出一個小要求，這樣做的好處是讓對方了解到幫你一個小忙，並不會為他帶來什麼損失或風險，如此一來，當你後續逐步提出其他要求時，對方的接受度就會大幅提高。

② 設定階段式的執行計畫，幫助自己實現個人目標

當你確立了想完成的個人目標之後，運用登門檻效應的精神，設定階段式的執行計畫，將能幫助你從無到有、由近而遠地落實行動，與此同時，藉由每一個小階段目標的實現，你不僅能累積更多經驗智慧，還能不斷以飽滿的動力與信心持續前進，直到最終目標順利達成。

Let's test !　看看你在朋友圈中扮演什麼角色？

想知道你在朋友中扮演的是什麼樣的角色嗎？以下的簡易測試就能告訴你答案。

Q1.你每天都吃早餐嗎？　yes→Q2　no→Q3

Q2.你養過寵物嗎？　yes→Q7　no→Q3

Q3.你有打工的經驗嗎？　yes→Q7　no→Q4

Q4.你的運動細胞很好？　yes→Q8　no→Q5

Q5.你正在減肥？　yes→Q9　no→Q6

Q6.你認為在戲院看電影的時候，一定要吃喝東西才行？
　　yes→Q9　no→Q10

Q7.你覺得世上沒有外星人？　yes→Q11　no→Q8

Q8.你有很多異性朋友？　yes→Q12　no→Q9

Q9.你很少看漫畫？　yes→Q13　no→Q10

Q10.你一到KTV就會唱個不停？　yes→Q17　no→Q14

Q11.你喜歡吃三明治？　yes→Q14　no→Q12

Q12.你擅長自創不同菜式？　yes→Q15　no→Q13

Q13.你會畫漫畫？　yes→Q16　no→Q14

Q14.你喜歡格子圖案？　yes→Q16　no→Q18

Q15.從小到大你都嚮往能到海外去讀書？　yes→Q19　no→Q16

Q16.你曾經參加過某個藝人的影迷會或流連於相關網站？
　　yes→Q20　no→Q17

Q17.你容易被感動到哭泣嗎？　yes→Q21　no→Q18

Q18.你曾經有過處於腳踏兩條船的感情狀態？
　　yes→Q21　no→Q22

Q19.生活中如果沒有手電筒，你會覺得非常不方便，甚至感到困
　　擾嗎？　yes→Q23　no→Q20

Q20.你每日都會看報紙經濟版或電視的財經新聞嗎？

　　yes→Q24　no→Q21

21.你很怕看恐怖片嗎？　yes→Q22　no→Q25

22.你喜歡喝咖啡嗎？　yes→Q26　no→Q25

23.你愛噴香水嗎？　yes→A　no→B

24.你的家中有五瓶以上的護膚產品嗎？　yes→C　no→D

25.你是一個不怕麻煩的人？　yes→E　no→F

26.你常被朋友邀請去參加不同類型的活動？　yes→G　no→H

★A：領導人

你很有大將之風，不管是在熟悉還是陌生的環境，你都會主動跟別人打招呼；有問題發生時，你也總是毫不猶豫地在第一時間前往解決。你天生就具有領導才能，在團體中常處於指揮的地位，容易獲得別人的信任，也喜歡享受別人的讚賞。

★B：開心果

你善於炒熱氣氛，沒事也會找事做，沒話也會找話講，有你在的地方就有笑聲。你的人際關係不錯，大家都喜歡和你相處，而你也總是開朗大方，所以朋友很多，但小心那些參加不完的聚會讓你疲於奔命。

★C：潮流人士

你很注意流行資訊，只要有人和你談論這類型的話題，你一定可以馬上和他成為無所不談的好朋友，不過你同時也是很有原則的人，只要

不與你的原則有衝突，萬事好商量，可是一旦違背你的原則，經常就是毫無商量餘地！

★D：乖寶寶

你是個非常自律、很守規矩、自我要求很高的人，相對的，對別人也不會放鬆，因此你喜歡自我約束力高的人，個性散漫的人往往無法和你成為朋友。你非常努力，是別人眼中的乖寶寶，但常因為太專注於學習或工作，忽略了人際關係的經營。

★E：隨和者

你對人沒有什麼特別的好惡，不過如果有人和你談論你有興趣的話題，你會欲罷不能地和對方馬上混熟，毫無心機。別人和你相處會很自在、舒服，所以你很容易交朋友，就算你不積極拓展人際關係，他人也會自動走近你。

★F：獨行俠

在團體中，你的話並不多，樣樣有所保留，別人對你的印象是「神秘」。其實你並不是不喜歡和人群在一起，只是你喜歡躲在一旁觀察，所以你非常能洞察出別人心裡在想什麼。你喜歡和別人討論命理、星座、占卜之類的話題。

★G：小天使

你是一個很溫柔的人，不會帶給別人壓力，對朋友很體貼，具有同情心。任何人來找你幫忙，你都會盡你所能地提供幫助，不求回報，也不會不耐煩，所以你的人際關係很好，是許多人的「心靈急救站」。

★H：小天真

你是一個沒心機的人，想法單純，凡事都不會有計畫或想太遠，屬於今朝有酒今朝醉的類型。原則上，你的朋友都會喜歡你，可是有時你的天真可能會為別人帶來不必要的麻煩。

2-5 你不必很完美！犯錯效應為你的人際加分

你曾經被人稱為完美主義者嗎？你無法忍受事情發生差錯嗎？你曾經被人評價做事龜毛、愛挑剔、標準太高嗎？你十分在意別人對你的評價是好是壞嗎？你認為一個面面俱到、各方面都表現得很完美的人，將能獲得眾人的尊敬與喜愛嗎？

事實上，以心理學的角度而言，成為他人心目中的「完美典範人物」，未必就能擁有良好的人際關係，有時人們甚至不太願意與形象完美無缺的人打交道！

不可諱言的，以往人們總把「追求完美」當成重要標竿，但是一個具有完美主義（perfectionism）傾向的人，卻常因為凡事苛求盡善盡美的性格而影響身心健康，並且容易帶給周遭的人無形的壓力，而依據心理學家提出的「犯錯效應」顯示，各方面都比較完美的人通常不太討人喜歡，反而是既有優點也有缺點的人，人們比較願意與其親近往來。這意味著與人往來互動時，你不必擔心自己不夠完美，也無須放大他人的過錯，唯有接納自己與他人都有不完美的一面，才能真正與人和平相處，互動愉快。

犯錯效應（Pratfall Effect）
下的真實面，讓人們更加喜歡你

　　犯錯效應又稱出醜效應，源自美國心理學家阿倫森（Elliot Aronson）的一次心理實驗。在實驗過程中，阿倫森安排了四位演說家參加一場座談會，並且讓他們輪流發表演說，而這四位演說家當中，有兩位具備了出色的演說能力，另外二位的演說能力則較為平庸。當口才出眾的演說家先後演講時，其中一位故意在演講快結束時打翻了飲料，另一位就是順利完成演說；輪到口才平庸的演說者先後演講時，其中一位也故意在演講快結束時打翻飲料，另一位則是順利完成演說。

　　事後，研究人員請聽眾依據「吸引力」排出四位演說者的名次，結果發現口才出眾卻打翻水杯的演說者最受歡迎，口才出眾而沒有小錯誤的演說者排名第二，最後一名則是口才平庸又打翻水杯的演說者。這個結果顯示，人們對能力非凡、完美無缺的人容易產生心理距離，因為太過完美的形象常導致人們感覺缺少了點真實感與人情味，反觀一個能力非凡卻有常人缺點的人，比較能因為「貼近人性」而讓人們接納與喜歡。

　　值得說明的是，犯錯效應有個重要前提，就是犯錯者應具有才能或是表現不俗，而且犯下的錯誤要是微不足道的小過失，如果表現不佳又犯下錯誤，通常就會被人們給予低評價。換言之，犯錯效應帶給我們

的重要啟示是，如果你的能力不錯、社交表現也不差，那麼就沒必要過度包裝自己，期望自己能以完美形象出現在眾人面前，只有打破「我必須完美才會被人喜歡」的迷思，才能以真實樣貌與人們相處，與此同時，人們也較能以自在、輕鬆、親近的態度與你往來互動。

寧可因不完美而真實，不因完美而受累

常言道：「金無足赤，人無完人。」犯錯效應告訴我們，人們對全然無缺點的人並不喜歡，反倒樂於與那些聰明、有才幹又有小缺點的人互動，而這背後的一連串心理現象，不外乎是因為世上不可能存在真正完美、沒有缺點的人！

如果一個人總是表現得完美無暇，很容易讓人懷疑其中不免包含了些許造假的成分，並且促使人們萌生保持距離的念頭，而從另一個人性角度來說，人們普遍喜歡有才能、表現出色的人，但當一個人的能力過於突出時，人們通常會產生心理壓力，類似自卑感、自尊心受挫、自我懷疑等情緒便會漸漸浮現，假使對方犯了一個普通人都會犯下的錯誤，或是個性上也展露出一些小缺點，人們將因意識到「原來他不是完美到高不可攀會令人自慚形穢」，進而減輕不少心理壓力，雙方之間的心理距離也隨之縮小。

儘管我們都了解沒有人是十全十美的，但追求完美、努力讓自己變得更好也並非是種過錯，關鍵只在於我們對於完美的定義是否符合人性。心理學家認為，一個具有高度完美主義傾向的人，通常認為自

己必須比別人更能幹、所有事情都應該要毫無瑕疵，而這反映在人際交往上就會成為壓力來源，甚至被人們解讀為挑剔、仇視、攻擊、過分苛求的行為表現。例如一個凡事要求高標準、不允許任何過失的主管，往往在自己因為工作壓力而罹患胃潰瘍的同時，也讓部屬每天處於高度緊張而腦神經衰弱的狀態中，長此以往下，自然會對職場關係發生不良影響。

俄國著名文學家托爾斯泰（Leo Tolstoy）曾說：「人類的信仰在於自強不息地追求完美。」適度保持追求完美、精益求精的心態，確實能促使我們不斷前進與成長，但完美絕對不等同於苛求，如果我們時時擔心自己不完美，不僅不允許自己犯錯，也將高標準放置到他人身上，無形中就會影響人際互動，並且增加無謂的人際紛爭，因此在希望自己表現得更好時，請試著接受「不完美」的存在，更重要的是，務必牢記給予自己與他人合理的要求，別讓「完美主義」成為你的緊箍咒！

過度苛求完美只會先搞砸你想成就的一切

許多時候，人們會將「勇於追求美好」的精神發展成「過度追求完美表現」的極端行為，然而，犯錯效應的實驗也說明了無可挑剔的完美未必帶來幸福，往往過度的完美主義只會弄巧成拙，使人焦慮、沮喪又難登成功之巔。過於追求完美的人，因為對自己要求很高，凡事都要求周密，希望一切事情的進展和變化都在自己的掌握之中，如

果沒能達到自己預期的目標，便把問題通通歸罪自己，無形中也就背負了沈重的心靈壓力。

如果凡事要求百分之百完善已經成為你的束縛，使得你總是在意自己曾經犯過的錯誤，那麼試著對自己放寬標準是有益處的，你不必將每次的表現都當成是自己能力和形象的全部體現，唯有控制自責的限度，拿捏最佳表現的尺度，並且允許自己犯錯，學會分析錯誤原因，才能從失敗和錯誤中獲得成長經驗。

拆除完美主義的地雷區，才能讓人樂於親近

如果讓人們選擇活得累而完美，還是活得自在而有缺陷，恐怕大多數人會選擇後者，但對完美主義者來說，缺點、瑕疵、失誤都是難以容忍的事，他們認為事情只要不完美便毫無價值可言，甚至會將犯錯與失敗連結在一起，因此他們害怕犯錯，一旦犯錯就會過度反應、過度自責，從而導致對自身價值的不認可。換言之，完美主義者常常缺乏自信，對於別人的看法與評價總是十分在意，即便是別人無心說的一句話，他們也容易耿耿於懷，於是周遭的人與他們互動時也變得要小心翼翼，擔心自己的言行舉止無意中又冒犯到他們，而這種深怕一個不小心又踩到地雷的互動關係，只是增加彼此往來時的身心壓力。

美國心理學家伯恩斯（David Bums）教授為了幫助人們減輕完美主義的傾向，曾經讓求助者列出追求完美的好處和弊端，其中一

名法律系學生列舉出一個好處：「追求完美有時會讓我得到優秀成績。」然而接下來他卻列出了六個弊端：「第一，它讓我的腦神經異常緊張，因此有時我連普通成績也拿不到；第二，我多半不願意冒險犯錯，但那些可能的錯誤卻是實現成功的部分過程；第三，我不敢嘗試新穎的事物；第四，我對自己的許多苛求讓生活失去樂趣；第五，我總是發現有些事物還不夠完美，所以我根本不能使自己真正放鬆下來；第六，我變得不能容忍別人的過錯與缺點，結果很多人認為我吹毛求疵，難以相處。」

根據利弊分析，這位法律系學生終於認為若是放棄追求完美，他的生活可能會更有意義和成就，而伯恩斯更進一步指出：「假如你的目標切合實際，通常你的心情會較為輕鬆，行事也相對有信心，當然這就能自然感受到自己更具創造力與工作成效。這也就是說，當你不是追求出類拔萃的成就，而只是希望有良好表現時，你反而能因此獲得最佳的成績。」

害怕犯錯、給自己立下高不可攀的標準、將自我期待高度投射在他人身上，往往是完美主義者的典型症狀，然而由於每個人都有個性上的缺點，以及不同的處世方式、價值觀、生活方式，所以指望自己或他人毫無瑕疵顯然不切實際，這也表示無須對承認自己的缺點而感到尷尬，或是想要自我逃避、自我欺騙，因為凡是人都會有不足之處，也因為這些缺點並不能武斷評價你是個好人或是壞人，只要能善用長處、補強短處，以及了解如何讓自己越來越好，就能找到適合自己的生存之道。如果追求完美的極端心態已經為你帶來了沈重的身心

負擔，以下四大要點將能協助你卸載過度的完美主義傾向：

1. 檢視自己為何想追求完美，找回自我的初衷。

2. 學會接納自己、喜歡自己，提高自我價值感。

3. 學習與自己的缺點和平共處，寬恕自己與他人的錯誤。

4. 多以正面理性的角度思考，避免受困於「一次定成敗」的心理。

　　所有人都喜歡美好事物，但對完美存有高度幻想，總是認為自己做得不好，別人又太差勁，只會帶來自我否定的挫折感，而如果苛求所有人事物都必須毫無缺點，又會因否定他人而引起人際關係上的危機，其實一個人能夠坦然面對自己，並且接納自己的缺點與錯誤時，就能增加正面的生活能量，相同的，當我們能虛心面對別人，包容他人的失敗與短處時，就能擁有良好的人際互動與情誼。

犯錯效應你可以這樣用！

① 以親和力拉近心理距離，有效提高人際吸引力

　　無論是在工作職場或是團體社群中，想要提升個人的人際吸引力時，請牢記犯錯效應所引發的心理現象，提醒自己別落入「完美典範」的迷思，當你越是想表現得完美無瑕，越容易降低他人對你的信任度，唯有適度展現自己的能力與特點，包容自身與他人的失敗與短處，才能拉近你與他人的互動距離。

② 與自己的不完美和解，學會與他人自在互動

　　如果你具有高度完美主義傾向，應避免將自己的價值與成敗等同看待，學會與自己的不完美、缺點和平共處，給予自己與他人合理的要求，才能避免凡事苛求完善的習慣造成你與他人的互動壓力。

測測看你最假的一面是什麼？

Q1. 你以前的男／女朋友打電話給你，你接不接？

接 → Q2

不接 → Q3

Q2. 你喜歡睡什麼樣的床？

單人床 → Q4

雙人床 → Q3

Q3. 經常聽的歌曲裡面，會有很多過去的回憶嗎？

Yes → Q4

No → Q5

Q4. 你有設定鬧鐘的習慣嗎？

Yes → Q6

No → Q5

Q5. 最近一次看電影是什麼樣的情形呢？

一個人去看的 → Q6

有別人陪著去看的 → Q7

Q6. 手機鈴聲是屬於哪個類型？

手機裡的制式鈴聲 → Q7

自己特別設定的鈴聲 → Q8

Q7. 如果中獎可以挑選，你會選擇以下哪種獎品？

車子 → B 型

房子 → A 型

Q8. 傷心的時候，你都是怎麼過的？

一個人獨處 → D 型

找人傾訴 → C型

★ A類型 → 假面關鍵字：物質

大多數的人都會以為你愛錢，但實際上你比任何人都不在乎它；但物質對你來說又是不能缺少的一張假面，它替你保護了你柔軟的同情心，讓你能夠追逐你的夢想；物質就像是你堅硬的殼，它幫你度過各種難關；而只有那個肯花精力追隨你的人才明白，打碎你的夢想才會要你的命。

★ B類型 → 假面關鍵字：冷漠

你的不安，造就了你的冷漠；其中最大的不安點，是你對愛的渴望而產生的對愛的恐懼，你害怕別人喜歡上你、你害怕別人對你感興趣；因此，你會流露出冷漠而拒人千里的表情。而你的朋友甚至只要是跟你多走近一點的人都會瞭解，你其實是個非常浪漫有趣的人，心情好起來的時候其實是很可愛的。

★ C類型 → 假面關鍵字：親切

你溫柔淡定的氣質，讓人覺得親切得像認識已久的老朋友；但事實上，你是個易接近卻難瞭解的人，你並不喜歡把你自己的人生輕易吐露他人。親切對你來說，很多時候更像是一種心態和禮貌；換句話來說，你往往對陌生人才會施展出你的親和力而只有你的至交好友才會瞭解你的古怪和瘋狂。

★ D類型 → 假面關鍵字：熱情

不瞭解你的人，會以為你樂觀開朗、熱情洋溢，只有天天跟你住在一起的人，才會瞭解到你的憂鬱、冷靜以及悲觀的靈魂，儼然是一隻雪白的兔子。那麼像你這樣好靜的兔子，為什麼會假裝熱情呢？追其究竟，那是你強烈的責任感和與生俱來的善良友好，催化著你必須這樣。

步入社會後，隨著職場工作的展開、社交圈的逐日擴大，我們每天都要與許多人打交道，無論這些人是潛在客戶、跨部門同事、共事夥伴、上級主管、極力爭取的合作對象，或是社交場合中初次相識的陌生人，如何與他們互動良好，快速拉近心理距離，建立並維繫良好關係，不僅考驗著我們的人格魅力，也取決於社交技巧的運用。

如果你苦惱於自己的不善交際，不知道該如何踏出與人互動的第一步，卻又不想再當社交場合中的隱形人，學會運用「名片效應」與人往來，將能幫助你因應狀況與人展開交際，有效建立屬於自己的人脈網絡。

心理學研究指出，人們通常比較願意接受和自己有「相似性」的人，試想，你是比較願意和一個年齡、性格、興趣愛好、觀念都和你相似的人做朋友，還是更願意接受一個在各個方面都與你不同的陌生人？在與人交往的過程中，如果你能先表明自己與對方的態度和價值觀相同，就會使對方有「惺惺相惜」之感，這樣就能快速縮短與你的

心理距離，獲得對方的好感，從而更快結成良好的人際關係。這就是所謂的「名片效應」。

名片效應（Card Effect）
為你搭起友誼之橋

對於現代人而言，名片是常見的一種社交工具，舉凡洽談業務、自我介紹、結識朋友，雙方只要透過交換名片就能取得對方的基本資訊與聯絡方式，可以快速開展一段關係的建立與維繫。不過多數人可能不知道的是，除了具體有形的名片之外，無形的「心理名片」同樣具有自我推薦、增進彼此了解、深化互動關係的效用，而這正是心理學中的「名片效應」。

名片效應是由蘇聯心理學家納季拉什維利（Nadirashvili）所提出，意指在人與人的交往中，你對外展現的態度、觀點、思想就好像是一張無形的心理名片，只要你能讓對方收到你的心理名片時，感覺你和他彼此之間有許多相似處，通常便可使對方放下心防，願意與你接近。這也就是說，要讓談話對象願意接納你、接近你的要訣，首先是找出你們彼此的共通點或交集點，而不是一廂情願地介紹自己，因此你必須從言談細節之間捕捉對方的好惡、價值觀、性格特點，然後

以對方偏好的溝通模式、熟悉的話題展開交流，並且適時加入自己的見解與看法，往往這能引發對方的心理共鳴與好感度，進而為雙方的友好關係打下基礎。

　　一般而言，我們初次與人會面時，如果事前無法先了解對方的背景資料、個人經歷，臨陣上場時就必須善用觀察力，留意對方言談中透露的資訊，才能擬定適當的溝通策略，而不管事前的會面準備如何，雙方碰面時，懂得運用名片效應，有技巧地自我推薦，不僅能留給對方好印象，日後要進一步深化關係也就不再是困難的任務了。

秀出心理名片之前，先找出能引發共鳴的交集點

　　無論是出席商務場合，或是參加一般的社交活動，每個人都希望自己能在最短時間內融入人群，但儘管大家深知要與初次會面的人建立互動關係，選擇輕鬆、愉快、沒有壓力的攀談話題是最安全的做法，然而實際互動時，為何有些人仍因找不到適當話題導致冷場？又為何有些人總能與人相談甚歡，就算對方是不擅言辭的老實人，聊天氣氛依然能愉快又熱絡？

　　不少人認為一個人的口才好壞決定了他是否善於社交，不過事實上，那些在社交場合能與人自然互動的人，他們比別人高明的往往不是好口才，而是觀察力！他們總是會先觀察身邊的人事物，留意交談細節，所以能因應狀況運用名片效應，以對方熟悉或有好感的事情當話題，免除無話可聊的尷尬場面。通常兩個不相識的人，只要彼此

之間有共同話題就很容易拉近距離，比如同樣是離鄉背井出外工作的人、同樣是熱愛登山的戶外運動者，雙方在交談過程中就會倍感親切，聊起話來也沒有隔閡，彷彿是多年不見的友人一般，所以想和初次見面的人「一見如故」，增加雙方熟悉感最快的方式，就是儘量發現彼此的共同點。

這也意味著，懂得善用名片效應的人，並不是逢人就滔滔不絕地打開話匣子，而是會設法找出自己與談話對象的共通點，再以自然的方式遞給對方一張「心理名片」，逐步地建立起友好關係。舉例來說，美國前總統羅斯福就是活用名片效應的政治家，凡是與他會面交談過的人，沒有誰不是對他廣博的見聞感到佩服，一位曾經拜訪過他的人說：「無論來訪者是牛仔、勇敢的騎兵、政治家或是外交官，他都能找到適合對方身分的話題，並且讓彼此的談話十分愉快。」這是因為每次接見來訪者之前，羅斯福都會事先查閱對方的資料，一旦掌握了對方的身分背景或基本資訊，那麼不管對方是達官顯要還是販夫走卒，他就能在會談過程中迅速找到共通話題，而隨著熟悉度的增加、心理距離的拉近，雙方不僅順利交涉、促進友好，也讓他塑造出獲得好評的公眾形象。

更進一步來說，名片效應的背後精神就是「見什麼人說什麼話」。在某些情況下，如果你和預計碰面的對象素不相識，然而有朋友間接認識對方，那麼事先探問對方的相關背景，將能幫助你擬定碰面後的交談策略，同時避免誤踩禁忌話題。假使你沒有管道事先得知對方的背景資料，或者你是在社交場合隨機遇到某位陌生人，考量到

雙方初次見面，尚未建立起信任感，最好不要詢問過於深入、過於隱私的問題，以免造成對方的尷尬與不快，徒增交流障礙。

選對交談話題，提升別人對你的好感度

參與社交活動時，很多人不知道該跟別人談論哪些話題，甚至覺得跟人聊天很困難，以致於老是面臨談話冷場、話不投機的尷尬場面，最糟糕的是，如果談話對象恰好是某位重要人士時，說不定就搞砸了難得的互動機會，到頭來，不但名片效應完全派不上用場，還留給別人不好的印象。假使你經常遇到這類社交狀況，並且認為自己確實不擅長社交，既不懂與人攀談，又很難跟人自在聊天，那麼你很可能是陷入了「社交話題迷思」！

不少人對於社交話題有著很深的誤解，總以為自己要和對方聊一些深奧、很有學問的話題，表現出博學多聞的樣子，才會受人尊敬、廣受歡迎，但事實上在一般場合中，你要是與人談論哲學理論、核能電廠、國際貿易市場之我見的話題，對方多半會心生疑惑：「這傢伙來這裡幹嘛？他應該去參加學術研討會之類的吧？」當然更多時候，人們將選擇從你身邊走開，所以與其挑選艱澀或令人感到沈悶的話題，不如選擇雙方都能聊得來的談話主題。

此外，有些人對於「聊天話題要有梗」也有所誤解，以為只有最不平凡的事件、充滿戲劇化的人生故事，才是值得拿出來作為交談的話題，問題是親身經歷的特殊事件一講再講容易乏味，而且也未必適

合在每一種場合都當成話題，因此比較好的做法應該是挑選多數人都有經驗的事件當成話題。

不可諱言的，初識雙方在互相介紹姓名後，如何接續交談話題是最不容易應付的部分，當你腦中還沒有準備好話題，又不能冒昧隨便提出特殊話題時，不妨從以下的話題方向展開交談：

1. 日常生活

人際互動過程中，人們通常不會排斥有關日常生活經驗的軟性話題，諸如最近上演的熱門電影、新款手機、剛開幕的美食餐廳等等，都是能營造輕鬆氣氛的談話題材，而平時多多關心日常生活中的事物，你就不難找到能引起大家談興的話題。

2. 就地取材

觀察當下環境尋找話題是安全做法，例如你與對方相遇的地點是在朋友的喜宴上，那麼就從對方與喜宴主人的關係作為話題切入，就能引起對方的回應，隨後根據對方的說明加以順水推舟，轉而從對方的生活相關話題中暢談下去，漸漸探詢出對方的興趣和嗜好，接續的談話主題也就源源不絕，毫無冷場。

3. 生活背景

與人初次見面時，詢問對方的出生地、家鄉在哪裡是最多運用的招數，因為這類話題最容易展開交談，不管對方的老家是否剛好與你相同，也可以談論當地的地方習俗、特色美食、知名景點，往往就

能活絡談話氣氛，拉近雙方距離。如果你遇到知名人士、擁有不凡成就的人物，或是介紹者早已對你提過對方的身分，你大可適時鼓勵對方談談他自己的得意事蹟，這樣除了能讓談話氣氛愉快外，也能使對方對你印象深刻，與此同時，你也可以從交談之中獲取更多對方的資訊。

常言道：「萬事起頭難。」與人攀談時，只要懂得挑選適當得體的談話題材，踏出順利交談的第一步，就有機會拓展雙方的互動關係，最重要的是，不要害怕主動出擊，唯有多方累積交談經驗，吸取人際互動心得，摸索社交訣竅，才能對快速與人建立關係越來越得心應手。

牢記社交談話的禁忌，避免弄巧成拙

美國前總統雷根（Ronald Wilson Reagan）曾被媒體譽為「偉大的溝通者」，某次他與一群具有義大利血統的選民談話時說：「有個義大利家庭原先住在狹小的公寓裡，後來決定搬遷到鄉下的一座大房子，一位朋友問起這家裡的十二歲小孩喜不喜歡新家？小孩回答說，我當然喜歡，我有自己的房間，我的兄弟姊妹們也都有自己的房間，只是媽媽很可憐，她還是要和爸爸同住一個房間。因此，每當我想到義大利人的家庭時，我總是想起溫暖的廚房，以及更為溫暖的愛。」這個帶有童趣的故事明顯拉近了他與選民的心理距離，也有效打出了他的親民形象，而這種從引發共鳴話題切入的關係建立，正是名片效

應的運用。

　　值得一提的是，當我們想與初次見面的人建立良好的談話關係時，找出對方熟悉、感興趣的話題絕對是萬無一失的好方法，然而這當中有某些話題即便能引發對方共鳴，也未必適合拿來交談，因為它們很可能造成對方的不愉快，這意味著你必須牢記以下的社交談話禁忌，避免無意中冒犯到對方，破壞了雙方的互動氣氛。

1. 敏感問題千萬不要碰

　　我們初次和他人談話時，要是能找出引起共鳴的話題，比如喜歡的運動或是嗜好等等，往往有助於縮短彼此之間的疏離感，而隨著熟悉感的增加，話題也越來越多元，但在交談過程中，你應仔細觀察對方對於談話主題的反應，只要對方忽然面有難色、不願多談，就必須趕緊轉移敏感話題，不要強化對方的不悅。通常關於個人信仰、政治傾向等話題，在交情尚淺之際應避免談論，以免產生對立；另外，關於學歷、家世的話題也最好避免，因為談論對方的個人背景時，或多或少會帶有「評價」的感覺，如果對方很在意自己的學歷或家世，這類談論很可能會造成對方的不舒服。

2. 不要貿然打斷對方談話

　　有位資深的心理輔導老師，總是能與初次見面的學生在短短一小時內，建立起無話不談的深厚友誼，而他的祕訣便是讓學生暢所欲言，並且從不半途加以打斷，因為一旦打斷學生的話，學生很可能心生不滿，認為沒有被尊重，非但不願再繼續交談，有時還導致敵對意

識的產生。同樣的道理，當你想與談話對象建立相談甚歡的互動關係時，最基本的交談守則就是不隨意打斷對方說話，要是一聽到對方說了某些意見，就馬上急躁地打斷對方做出回應，除了會引起對方不悅外，還會讓對方留下你欠缺禮貌的壞印象。

3. 拿捏談吐表現與用語

很多人認為使用文雅、禮數週到的社交辭令可以展現自我風範，博取他人的好感，不過有些人習慣直率說話，不拘小節，與他們交談時若全程使用敬語，容易讓對方感覺和你談話很辛苦，甚至無意中造成疏離感，所以觀察對方偏好的溝通方式，依據談話對象的情況拿捏用詞與語調，反而是比較恰當的做法。

4. 不要忘記埋下再次會面的伏筆

當談話結束準備與對方道別時，很多人會忘記鋪排日後雙方碰面的機會，等到下次要邀約對方時，反而讓對方感到一陣錯愕，因此與對方道別前，應以誠懇的語氣和態度向對方表達「期待再見面」的意願。你可以告訴對方：「雖然今日是第一次見面，但感覺好像是與多年的老友重逢一樣，下次有時間的話，希望我們能再碰面聚一聚。」或是「今天真是愉快，很希望下次有機會能再和你碰面。」總之，雙方道別前，不妨將重點放在下一次的聚首，即使對方是初次見面的人，也會因期待心理與準備心理而對你印象深刻，而且當日後要邀約對方時，你也能順理成章地邀請對方碰面。

總結來說，身處步調快速的商業社會，人與人之間的互動關係快速變化，這也導致日常生活中的人際關係常存有疏離感，如何把握每次的社交機會，恰到好處地與人締結友好關係，可說是每個現代人的重要課題。無論你出席何種社交場合，懂得活用名片效應，才能有效打破他人的心理隔閡，盡快促成人際關係的建立，而在努力開拓人際社交圈的同時，也應用心維繫既有的人際關係，如此才能讓自己擁有穩固的人脈資源。

名片效應你可以這樣用！

① 拉近心理距離，建立友好關係

　　無論你與對方是否第一次碰面，有效促使對方放下心防接納你的方式，莫過於找出雙方的交集點，所以你應留意對方的談話細節與個人背景，設法安全、有禮、自然地鋪排交談話題，一旦話匣子打開，增加熟悉度後，就有機會一步步提升對方對你的好感度，日後要深耕雙方互動關係也就容易多了。

② 巧妙自我推薦，獲取他人認同

　　在人際關係中，當你希望對方接受你的意見之前，你必須先讓對方感覺「我們是同一陣線的人」，因此你可以先依據對方的狀況，說些對方能接受且熟悉的觀點，等到對方把你視為擁有共同價值觀的人之後，你再逐步於言談中挾帶你的見解，往往就能達到既推銷自我想法，又贏得對方信任的效果。

Let's test! 你是難接近的人嗎？

在一個滂沱大雨的夜裡，你從房間窗戶向外看到有一名男子在街道上慢慢獨行，你覺得他是怎樣的心情呢？

A、只是忘記帶傘，也不想狼狽地在雨中奔跑。

B、正在享受一個人的孤寂感。

C、思考某個問題，滿腹心事。

D、剛結束一段感情，正在療情傷。

★A.只是忘記帶傘，但不想狼狽地在雨中奔跑

你是個愛敲邊鼓的人，只要有人站起來號召，你就會樂得跟著起哄，出發點並沒有什麼惡意，如果事情到頭來演變得不可收拾，你也會覺得難過，因為你沒有料想到自己會成為事件的幫兇之一。你很多的時候只是在湊熱鬧，愛玩是你的天性。

★B.正在享受一個人的孤寂感

你總是專注自己的目標。你不太受拘束，只要別人不侵犯你，你也不會干涉他人。你常常表現出很冷漠的樣子，寡言少語，讓人以為你很孤僻。其實和你相處久的朋友，都明白你內心熱情如火，只是外表沒有表現出來。

★C.思考某個問題，滿腹心事

在學校中，你是屬於社交圈子很廣的人，你平常能夠很好的控制自己的情緒，不會輕易和他人發生衝突。所以，你應該是從小就拿獎狀的那種模範生。就算你成績平平，但你在老師心目中，你也是那種比較聽話乖巧的學生。

★D.剛結束一段感情，正在療情傷

你的情緒起伏很大，算是一個性情中人。遇到問題時，你的反應很激烈，可能一句話還沒聽完，就已經先想到要如何防衛。你平常看起來很傲慢，為此可能會招惹不少麻煩。你與別人相處，往往是看順眼的就成為死黨，而不順眼的，很有可能成為你的敵人。

平日許多看似不起眼、十分微小的環節，常在種種外界因素的交相作用下，引發使人意想不到的後果，例如在自然界裡，一隻遠在亞馬遜河流域上空的蝴蝶不過搧動幾下翅膀，兩週後就可能引起美國德州的一場龍捲風。當氣象學家用「蝴蝶效應」一詞解釋這類自然現象後，人們發現蝴蝶效應的威力俯拾皆是，即便是面對人際關係的處理，它的影響力也同樣存在。

在日常生活中，蝴蝶效應的意涵被廣泛延伸到各種層面。以人際關係來說，人與人之間的互動往來、情感交流往往十分微妙細膩，從一開始的結識、日後相處到呼朋引伴的聚會，過程中都會不斷產生化學反應，這意味著當我們要拓展人際關係、建立屬於自己的人脈資源時，應該重視每次與人結識的機遇，因為你永遠不知道透過人際網絡的交叉擴展後，自己與別人將從中獲得多少豐盛禮物，當然前提是你必須揮動翅膀，採取正確的社交行動。

蝴蝶效應（Butterfly Effect）
讓微小差異帶來巨大改變

　　蝴蝶效應一詞，源自於美國氣象學家羅倫茲（Edward Norton Lorenz）的一次演講。一九七九年，在他出席美國科學促進會時，曾以「可預言性：一隻蝴蝶在巴西輕拍翅膀會導致德州產生一場龍捲風？」（Predictability: Does the flap of Butterfly's Wings in Brazil Set off a Tornado in Texas）為講題，闡述渾沌理論的各種現象，會中他以蝴蝶拍翅擾動空氣而影響遠地氣候為例，比喻長時期、大範圍的天氣預報，往往因為微小的因素造成難以準確預測的後果，而這樣的說法肇因於他的某次氣象研究工作。

　　平常羅倫茲在辦公室操作氣象電腦時，只需要將溫度、濕度、壓力等氣象資料登錄，電腦就會依據內建程式運算出未來可能的氣象資料，隨後再類比出氣象變化圖即可，然而，某天他想進一步追蹤某段氣象記錄的變化，於是便把某時刻的氣象數據資料重新輸入，好讓電腦計算出更多的後續結果。由於當時的電腦運算速度不如現今快速，在結果出來之前，他趁著空檔和友人喝了杯咖啡，一小時之後，當他回到辦公室看到結果報告時，只能用目瞪口呆來形容。報告的結果和原始資訊兩相比較下，初期資料還差不多，可是越到後期，資料差異就越大，看起來簡直就是不同的兩種資訊，一番思考後，他知道不是電腦運算出錯，而是一開始輸入數據資料時，他無意中省略了小數點

後的六位數，但這微小的差異卻足以扭轉局勢。

時至今日，蝴蝶效應已不限於天氣預報的範疇，它有了更為廣義的解釋，意即萬事萬物息息相關，即便事物一開始的條件僅有極微小的改變，過程中也可能引發連鎖反應，進而導致事物發展出極好或極差的結果。

改正社交行為，就能從人際關係中獲益良多

從科學角度來看，蝴蝶效應說明了在混沌系統中，事物發展的結果對初始條件具有極為敏感的依賴性，意即初始條件的微小變化經過不斷放大後，將能對未來狀態造成巨大差別，而從現實生活來說，一次刺殺事件便挑起了世界大戰的軒然大波，更是強而有力地證明了蝴蝶效應的威力。

一九四一年六月二十八日，奧匈帝國在吞併波士尼亞不久後，隨即於鄰近塞爾維亞的邊境地區進行軍事演習，由於當日是塞爾維亞人民的國恥日，奧匈帝國的軍事演習格外具有挑釁意義，奧匈皇儲斐迪南（Franz Ferdinand）大公甚至親自檢閱了這次演習。演習結束後，斐迪南大公返回塞爾維亞市區時，遭到年輕刺客普林西普（Gavrilo Princip）的槍擊而斃命，日後世人稱此為塞拉耶佛事件（Sarajevo Incident），並且將之視為第一次世界大戰的導火線，因為隨後奧匈帝國立即以此作為發動戰爭的藉口，拉開了第一次世界大戰的序幕。

在蝴蝶效應的作用下，國際局勢常常是牽一髮而動全身的情況，其實個人的人際往來也有異曲同工之處。平日處理人際關係時，我們絕對不能小覷蝴蝶效應，如果你苦惱於與人互動不良、社交圈過於狹窄，解決之道就是檢視你的「社交價值觀」，做出正面改變，往往行為一改變，周遭的人也將隨之改變；當你越能以開放、積極的行為模式經營你的人際網絡，你也越能從中獲得美好的實質回饋！

以開放心態擁抱交友群組

西方成功學有「友誼網」之說，也就是一個喜歡別人、又能讓別人喜歡的人，往往比較容易在事業上獲取成功，而如果仔細觀察的話，我們不難發現「交遊廣闊」是大多數成功人士的社交特點，他們的人際關係網絡囊括了各行各業的朋友，每當有事需要人幫忙時，這些朋友就能從不同方向提供協助。事實上，健全的人際關係網絡，應當是由不同群組、不同領域的人物所組成，這能幫助我們增廣見聞，開拓眼界，同時也有助於融入社會生活，不過很多人只在自己熟悉的領域中結識他人，進而導致社交圈容易窄化，人際關係網絡的加乘力量也相對弱化。

一般而言，不同行業、不同愛好將對交友形成較大的影響，好比你如果是一名電腦工程師，那麼在你的人際關係之中，最集中的社群通常會是工程師朋友，但是當人脈結構過於集中、過於單一時，你能獲得的社會支持與實質幫助就相對少很多，而這也是許多人經營人際

關係時常遇到的侷限；換言之，高度重複性質、單一化領域的人際關係網，容易降低人脈資源的多元價值。

由於現代社會的人際關係網絡講求「優勢互補」，你在某方面的優勢可以彌補他人的不足，相對的，你的不足之處也需要他人伸出援手，因此拓展人際關係時，就應避免完全設限在自己的同行，或是只跟和自己有共同愛好的人往來，唯有抱持開放心態，多方認識各界朋友，才能有效建構健全的人際關係網絡。

在許多情況下，人們想走出狹窄的社交圈，建立廣闊的人際關係網絡時，常會不知道要從何著手，但實際上每個人的人際關係網要比自我意識到的廣大很多，好比共事的工作夥伴、校友、同窗同學、家庭成員的朋友、參加聚會時遇到的人，都可以進入你的人際網絡之中。

當你與人互動往來的層面越廣泛，拓展人脈的速度就越快，值得注意的是，在初步與人互動的過程中，不要輕率地判斷對方的「往來價值」，因為你永遠不知道對方的背後站了哪些朋友，又潛藏了哪些難得的機遇，但唯一可以肯定的是，一開始留給對方好印象，讓對方願意邀請你進入他的社交圈，就能讓蝴蝶效應的正面威力慢慢發酵，隨之而來的就是更多人脈的聚集。

📎 謹守不低估、不佔便宜的交友原則

在日常生活中，我們身邊其實有許多拓展人脈的機會，有時透過朋友轉介紹、參與網路社群、主動加入社團等方式，都能讓你接觸到來自四面八方的人物，而依據社會學的六度空間理論（Six Degrees of Separation）來說，世界上任何兩個陌生人，只要經過平均六個人的聯繫關係就能結識，當你認識了一些新朋友，這些新朋友又認識其他一群朋友，這時透過直接或間接的關係聯繫，你的人際關係網絡自然會交叉擴大，甚至你還能因此與自己長久以來想爭取合作的對象碰面。

每位成功者的背後都有另外的成功者，很少有人是依靠一己之力抵達成功頂峰。這意味著你若想追求更好的工作表現、更好的生活，大量接觸並結識對你有幫助的人，將能讓你獲取許多前進的助力，而在與人往來時，你應謹記以下的兩大原則，才能發揮蝴蝶效應的正面效果。

1. 不要低估任何人的價值

有位年輕的政治家在首次舉辦競選演說時，一心想給聽眾留下深刻印象，可是當他抵達會場時卻發現只有一名聽眾，等了好一陣子也沒看到其他人前來，最後他問那名聽眾說：「您認為我應該按照原訂計畫發表演說，還是乾脆取消呢？」那人想了一下說：「我是靠養牛維生的人，只懂得怎麼養牛。如果我把一車乾草送到牧場，可是那裡卻只有一頭牛，我肯定還是餵這頭牛吃草的。」

許多人跟故事中的年輕政治家有同樣想法，他們盼望自己有很大的人際影響力，但不懂得人際影響力是如何產生的。事實上，我們對於單獨見面的人是最有機會發揮影響力，如果忽視平日接觸的人，或是依據某些外在條件來決定要不要與人往來，通常就會失去很多建立關係、影響他人的大好機會。在人際往來中，絕對不要低估任何人，把每個人都當作重要人物來看待，以積極、友善的態度與每個人互動，讓每一次與人打交道都能產生正向結果，無形中就能帶動人際關係的良性循環。

2. 別佔他人便宜

人們總是偏好跟自己喜歡的人一起活動，並且願意幫助自己喜歡的人，但大家最討厭的事情便是有人靠著關係而佔自己便宜，因為那多半表示對方只想獲得好處，卻不顧慮他人的利益是否受到損害。在每段人際關係當中，雙向的付出與回饋常是關係能否長久的重要關鍵，一個人要是僅想從人際關係中取得好處，企圖佔盡別人便宜，漸漸地，樂意主動幫忙的人就會減少，一旦遇到需要他人協助的時刻，恐怕只能靠自己解決問題了，因此，不管你與別人的互動關係是否緊密，都應避免貪圖一時好處而去佔人便宜。

人際關係的建立是必須花費心力的長期過程，也是眾人共同參與的過程，而你的人脈關係網絡都是從點、線、面逐步發展而成，唯有善用蝴蝶效應，看重自己與每個人的互動關係，了解他人，包容不同，並且把握每回與他人交流的機遇，妥善表現自我，才能為自己建

構起良性循環的人際網絡，與此同時，這些來自各方的友誼才能轉化成寶貴的人脈資產。

蝴蝶效應你可以這樣用！

① 小處著手，也能達到人際關係中的口碑行銷

無論你採取何種方式與管道拓展人際關係，從一開始與人結識時，就應讓每回的交流產生正向效果，帶動人際關係的良性循環，這將能幫助你快速進入他人的人脈圈，而往往透過朋友之間的口碑行銷威力，你的人脈也就更容易壯大。

② 提醒自己在人際糾紛惡化前，盡速修補關係

人與人之間的互動難免會有摩擦與誤會，一旦與人發生誤會或不愉快時，千萬不要放任不管，因為即便一個看似微小的爭端，也可能逐日演變成重大問題，在關係惡化前，盡速修補雙方關係，有時反而能加深彼此的情誼，提高信賴度。

Let's test ! 測一測你的觀察力如何？

_____1.　進入某個一個空間時，你最先注意到的是：

　　A.注意桌椅的擺放。

　　B.觀察牆上掛著什麼。

　　C.注意用具的準確位置。

_____2.　當你與某人相遇時，你是先看哪裡：

　　A.只看他的臉。

　　B.只注意他臉上的個別部位。

　　C.悄悄地從頭到腳打量他一番。

_____3.　在你欣賞過一片風景後，你記住了什麼：

　　A.當時浮現在你心裡的感受。

　　B.色調。

　　C.天空。

_____4.　早晨醒來後，你的腦中是……：

　　A.馬上就想起應該做什麼。

　　B.想起夢見了什麼。

　　C.思考昨天都發生了什麼事。

_____5.　當你在搭乘捷運或公車時，你是：

A.誰也不看。

B.看看誰站在旁邊。

C.與離你最近的人搭訕。

___6. 當你獨自走在大街上時，你通常是：

A.觀察行人。

B.觀察來往的車輛。

C.觀察路旁的建築物。

___7. 當你在瀏覽櫥窗時，你都看些什麼：

A.注意觀察每一件東西。。

B.只關心可能對自己有用的東西。

C.也會看看此時不需要的東西。

___8. 如果你在家裡臨時需要找某件物品，你會怎麼做：

A.到處尋找。

B.把注意力集中在這個東西可能放的地方。

C.請家人幫忙找。

___9. 看到你的親戚、朋友過去照片，你：

A.激動。

B.覺得可笑。

C.盡量瞭解照片上都是誰。

___10. 假如有人建議你去參加你不會的遊戲，你：

A.試圖學會玩並且想贏。

B.藉口過一段時間再玩而拒絕對方。

C.直言你不玩。

___11.　你在公園裡等待朋友，這時的你：

A.仔細觀察公園裡的其他人。

B.玩手機或是看自己帶的書。

C.想某事。

___12.　在滿天繁星的夜晚，你：

A.努力觀察星座。

B.只是一味地看天空。

C.什麼也不看。

___13.　你放下正在讀的書時，總是：

A.用鉛筆標出讀到什麼地方。

B.放個書籤。

C.什麼都不做，相信自己記得看到哪裡。

算一算你的得分吧：

題號	A	B	C	題號	A	B	C
1	3	5	10	8	5	10	3
2	5	3	10	9	5	3	10
3	3	10	5	10	10	5	3
4	10	3	5	11	10	5	3
5	3	5	10	12	10	5	3

6	10	5	3	13	10	5	3
7	10	3	5				

★分數大於95分：

你是一個很有觀察力的人。對於身邊的事物，你會非常細心地留意，同時，你也能分析自己和自己的行為，如此知人入微，你可以逐步做到極其準確地評價別人。只是，很多時候，做人不能太拘泥於細節，你也應該適當地往大的方向去看。

★分數大於70分：

你有相當敏銳的觀察能力。很多時候，你會精確地發現某些細節背後的聯繫，這一點，對於你培養自己對事物的判斷力非常有好處，同時也讓你的自信心大增。但是，你需要注意的是，很多時候，你對別人的評價會帶有偏見。

★分數大於40分：

你能夠觀察到很多表象，但對別人隱藏在外貌、行為方式背後的東西通常採取不關心的態度，從某種角度而言，你能適當地裝傻「難得糊塗」，充滿著大智慧，你很懂得把自己從某些不必要的事情中抽離出來，享受自己內心的愉悅。

★分數小於40分：

基本上，可以認為你不喜歡關心周圍的人，不管是他們的行為還是他們的內心。你甚至認為連自己都不會過多分析，更何況其他人。因此，你是一個自我中心傾向很嚴重的人，沉浸於自己無限大的內心世界固然是好，但這是會給你的社交生活造成某些障礙的。

3

掌握職場生存定律，
讓你不再是辦公室雜草

The principles of life you must know

in your twenties.

IT產業名人比爾‧蓋茲（Bill Gates）曾說：「這世界並不會在意你的自尊。這世界指望你在自我感覺良好之前，先要有所成就。」出社會進入職場後，你要多快才能從菜鳥變成獨當一面的強者？渴求事業有成、升遷有望，你就必須了解職場生存定律！面對強者的競逐，請為自己展開每一回合的漂亮戰鬥！

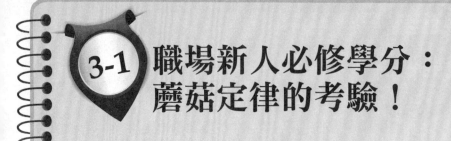

你是剛踏出校園的社會新鮮人，還是正在轉換職場跑道的業界菜鳥？如果你對未來充滿信心，滿懷理想抱負，這絕對是件好事，然而也不能忽略了現實世界對新人們的考驗。只要身為新進人員，所有的企業組織都會一視同仁，大家從起薪到工作內容大致上不會有太大差別，除非是特別優秀的人才，不然新人們幾乎都是從最簡單的工作開始做起，例如接聽電話、跑腿送文件、幫忙影印資料等等。

有些人認為在未能證明自己有承擔重任的能力之前，公司會做這樣的安排其實也不無道理，不過許多職場新人與業界菜鳥並不這麼認為。他們覺得憑著自己的學歷或相關經驗，應該要馬上獲得重用，或是直接承辦些重要的工作，但結果不但沒有大展拳腳的機會，還要做些像是打雜之類的小事，漸漸地，內心的不平衡造成工作態度消極，忍不住對辦公室的人事物抱怨連連。

事實上，初入職場、剛轉變職場環境的人，必然要經歷一段基層工作時期，往往此時也是「蘑菇定律」的適應能力考察期，而與其花

時間抱怨工作環境、哀嘆無人賞識自己，不如設法從日常工作中汲取經驗，快速成長，只要能證明自己的工作能力，並且樹立起令人信賴的個人形象，就能高效率地度過蘑菇階段，進而替自己爭取到更多的表現空間。

蘑菇定律（Mushroom Management）
逆轉勝？潛藏的成長機會

What is it?

　　蘑菇定律一詞的由來，據說是二十世紀七〇年代由一群電腦程式設計師所提出。他們以蘑菇的生長環境比喻自己的工作處境，假使不能提出具有建樹的看法，也沒有任何值得誇耀的工作表現，他們就只能像蘑菇一樣待在潮濕又陰暗的角落裡，毫無任何存在感地自生自滅。日後，蘑菇定律被引用至組織管理學領域，意指新進者常被企業組織安排到不受重視的部門，或是做些打雜跑腿的工作，有時不僅得不到工作上的指導與建議，還會無端遭受批評與責罵，甚至可能成為揹黑鍋的代罪羔羊，這種狀況又以大企業、大公司較為常見。

　　不可諱言的，許多新人剛進公司時，大部分都要經歷過一段默默努力的蘑菇時期，但若能換個角度思考，蘑菇定律其實也有它積極的一面。以企業組織來說，安排新進者從基礎工作做起，再逐步承擔重

要任務，可以避免新進人員因不熟悉工作而造成公司或團隊的損失；以個人來說，蘑菇時期能讓新進者對基本的組織文化、工作模式有所了解，也能破除原先脫離現實的想法，改以穩健、務實的眼光看待各類工作問題，一旦蘑菇時期的紮根歷練轉換為成長能量，新進人員就能快速找到自己的工作定位，從中自我鍛鍊。

　　時至今日，蘑菇定律已是一種普遍的職場現象，這也意味著步入新的工作職場時，每個人都需要發揮適應能力，適時調整工作心態，無論平常是做些倒水、接電話、影印、送文件的小事，或是幫忙處理制式化的行政庶務，把握機會多方學習，加快成長腳步，才能早日度過蘑菇時期。

職場適應不良？別著急，先從調適心態開始！

　　科學家們曾做過一個實驗，他們將小狗安置在一個背景全是直線條的房間裡，並且讓牠自由自在地生活了一段時間，某天，實驗人員安排小狗改住到背景全是橫條紋的房間，結果小狗產生了適應不良的現象，不僅走路歪斜，最後還出現暈眩症狀。其實人類和動物一樣，當我們進入一個全新的陌生環境時，心理調適能力的強弱會影響因應行為；一個適應能力強的人，即便遭遇到陌生環境中的複雜事物，也能妥善加以應變，甚至發揮超出水準的能力，相反的，適應能力低落的人，容易遇到狀況就緊張失措、行為失常，導致許多事情的失敗。

　　通常初入職場以及剛轉換職場環境的人，最先遭遇到的挑戰並

不是來自工作事務，而是如何調整自我心態、快速適應職場環境，特別是剛踏出校園的社會新鮮人，經常容易因為發現現實狀況與自我預期中的存有落差，卻又不能及時調整心態，進而產生職場適應不良的狀況。例如就職後，發現工作內容與預期的不同、被分配到自己不中意的工作部門，或是只能做些枯燥單調的工作時，如果一直用負面觀點看待工作就會充滿怨氣，並對前途感到茫然，要是加上薪資又不理想，不是內心鬱悶萬分，就是天天想著換工作，而此時正是蘑菇定律在考驗新進人員的適應能力。

當你認為自己出現職場適應不良的狀況時，你該考慮的不是跳槽換工作，而是要設法幫助自己提升適應能力，因為就算換了一家新公司，身為新進人員仍然必須面對融入職場的問題。那麼，我們要如何自我調整，才能快速度過心理調適期呢？

1. 認清自己扮演的角色

無論你曾經待過哪些公司、就職經驗有多豐富，或是對新工作有何預期心理，初到新環境都應正視現實，認清自己在職場中所扮演的角色，同時確認自己的工作內容與職責範圍，如果你希望承擔更有挑戰性的工作任務，唯有先做好手上的份內工作，獲取上司與同事的信賴，才有可能爭取到表現空間。

2. 瞭解公司的文化與制度

每家企業都有自己的組織規章制度，各部門也有不同的行事章程，盡快熟悉公司的大環境，瞭解各項規定制度，有助於你快速融入

新職場，千萬不要等自己犯規了才去瞭解，往往「不知者無罪」不是理由。此外，你的工作部門如果有些不成文規定，最好能了解徹底，並且順從規則，在沒有能力與實權之前，企圖打破這些規定只會替自己惹來不必要的麻煩。

3. 迅速進入工作狀態，讓工作實績幫你說話

每項工作職缺都有相應的能力要求，企業組織與部門單位也有發展計畫，敦促自己迅速進入工作狀態，從工作中不斷提升能力等級，彌補不足之處，才能跟上整體環境的發展腳步。不要寄望公司會等待你慢慢成長，也不要眼高手低，老是抱怨自己的才能被埋沒，唯有努力交出漂亮的工作實績，用實力證明自己的職場價值，你才有籌碼與別人談條件。

4. 學做事也要學做人

學會處理人際關係不僅是新進人員的重要課題，也是每位職場人士的必修學分，面對上下級關係、客戶關係、合作夥伴關係乃至於同事關係，不能只看到矛盾衝突的存在，也要尋找出互惠協助的空間，學會與他人合作共事。另外，初到新的辦公環境，與其坐著乾等同事們帶領你進入狀況，不如主動與大家建立友好的互動關係，必要時，有禮貌且誠懇地向同事尋求協助，除了能加深你與同事的情誼，也可以獲得寶貴的建議與指導。值得注意的是，不要錯把同事當成你的職場保姆，這樣只會令人質疑你的獨立工作能力。

所有職場人士都嚮往步步高升、飛黃騰達，而這一切都要靠自己一步一腳印地經營。正如有位老教授談及教學經歷時說：「在多年的教學生涯中，我發現許多成績平平的學生，雖然沒有特殊表現，但卻有踏實的性格。這些孩子畢業出社會後，很可能老師同學都不太記得他們，可是再過幾年，他們的工作表現、事業成就很可能令人刮目相看。我常跟同事討論一個人的成功跟在校成績有沒有必然關係？事實顯然是與踏實的性格比較有關係。性格踏實的人做事務實，也比較能自律，如果加上勤能補拙的特質，許多成功機會就會落在這種人身上。」

常言道：「萬丈高樓平地起。」從步入職場的第一天開始，每個人就在累積自己的實力，即便是一份簡單的工作也孕育著未來的成就，因此無論從事什麼職業、擔任何種職務，不要因為身處蘑菇時期而萎靡不振，成天擔心出頭太晚，我們該思考的是，一旦機會來臨了，自己又是否已經做好上場衝刺的準備？唯有以腳踏實地、不斷學習的態度面對自己的工作，你才能把自己的事業帶入成功的軌道。

立志早日從「蘑菇堆」裡脫穎而出

在就業市場上，每個人對自己的職業生涯都有未來願景，但即便人人知道任何一個高遠目標的實現絕非一蹴可及，卻仍有許多人在初入職場時就犯下好高騖遠的弊病，並且落入蘑菇定律的陷阱，進而把基層工作看成是工讀生在做的雜事、草率敷衍工作任務，甚至產生妄

自菲薄或怨天尤人的狀況。事實上，許多成功人士的職場經歷告訴我們，在登上發光發熱的職業舞台之前，處於小角落當朵小蘑菇未必是壞事，重點是能不能從中吸收到成長養分，快速提升有益個人發展的能力。

舉例來說，惠普公司（Hewlett-Packard Development Company, L.P.，簡稱HP）前執行長菲奧莉娜（Carly Fiorina）從美國史丹佛大學畢業後，第一份工作是擔任房地產公司的總機，每天的工作便是接聽電話、打字、影印、收發與整理文件，儘管有人認為一個名校畢業的高材生不該做這些工作，但她卻從不埋怨，反而努力從日常工作中學習房地產的相關知識，並且慢慢涉獵許多產經知識。某天，公司問她能否幫忙撰寫文稿，她十分開心有發揮才能的機會，立即欣然答應，而這也成為她職場生涯中的重要契機。日後，菲奧莉娜從房地產總機一路邁向職場高層，不僅成為惠普公司的執行長，更曾連續六年被美國著名財經雜誌封為全球最有影響力的女性。除此之外，台灣麥當勞總裁李明元也是從煎漢堡、站櫃臺、清理廚房、掃廁所的第一線基層人員，逐日爬升到跨國企業高階主管的位置；專業經理人嚴長壽初入職場的第一份工作是美國運通公司（American Express Company）的辦公室打雜小弟，四、五年後，年僅二十八歲的他便成為美國運通有史以來第一個亞洲本地出身的總經理。

他們的職場經歷正揭示了一個道理，身處蘑菇時期，只有懂得從中鍛鍊自我、強化工作技能，早日讓自己成長茁壯，才能自蘑菇堆中脫穎而出，開創個人發展空間。當然了，如果當職場蘑菇的時間

過長，你有可能成為眾人眼中的無能者，漸漸地自己也會認同這個角色，因此關鍵在於如何高效運用你的基層歷練時間，幫助自己盡快成長。具體來說，你可以由以下的四項原則開始做起：

1. 挖掘工作樂趣，從中成長

面對每一項工作任務時，不管它的執行難易度如何，你首先要問自己能從中學到什麼新知識？累積什麼新經驗？有沒有更好的執行方式？學會從工作中獲得樂趣、汲取經驗，不要僅是按照命令被動工作，往往主動尋找更好、更快、更聰明的工作方式，可以幫助你多方學習，加快工作能力的提升。

2. 停止抱怨，專注做事

面對工作滿腹牢騷、抱怨連連，只會造成工作情緒不佳，做事效率低落，還可能導致你沒有發揮出應有的工作水準，當然最糟糕的狀況是發生工作失誤，因此別再把心力用在抱怨上，那既不能解決問題，也無法讓你有所成長。唯有妥善做好每一項工作任務，獲得上司與同事的肯定，你才能在往後的職務分配中爭取到自己真正想做的工作。

3. 別當白目的新進人員

現代社會講究團隊合作，每個人不但要堅守自己的工作崗位，更要互助合作、互補長短，尤其對新進人員來說，快速融入職場，與上司、同事建立起友好的共事關係，除了能早日熟悉工作內容外，執行

工作時也比較容易進入狀況。一般情況下，老鳥可以忍受新人初期對工作事務的不熟悉，但很難接受新人沒禮貌、自作聰明、做事敷衍，因為那通常代表著扯後腿與惹麻煩，當然了，你不必寄望大家都喜歡你，但拿捏互動分寸、做好你的工作、給予同事應有的尊重，不要讓人討厭與你共事，才能確保你在工作上能得到他人援助，甚至有機會獲得前輩的提攜。

4. 要吃苦耐勞，也要懂得自我表現

　　新進人員容易因為一大堆繁瑣小事而手忙腳亂，有時候沒人想做的工作還會被硬塞到手上，但是心生不滿之前，先思考自己要是連小事都搞不定，日後又要如何承擔重要工作？有時你的上司是透過日常工作表現，逐步調整你的職務分配，所以把手邊工作當成基本功的磨練，努力強化自己的學習力與工作能力，並且適時把握表現的機會，不過千萬別承諾自己辦不到的事，以免弄巧成拙，反而影響上司對你的評價。

　　一位成功學專家曾說：「一個人應該永遠同時從事兩件工作；一件是你目前所從事的工作，另一件是你真正想做的工作。如果你把該做的工作做得和想做的工作一樣認真，你必然會成功，因為你正在學習一些足以超越目前職位的技能，並且為未來做好準備。」出社會步入職場之後，如果你被看成是辦公室裡的蘑菇人物時，光是自己強調是「靈芝」也沒用，只有利用周邊環境與資源，盡快自我提升才是當務之急，更重要的是，每次任務都可能成為你成長的一個契機，因

此應把握好每一次學習、自我鍛鍊、得到認可的機會，當你的職場價值得到人們的認可，往往就是脫離蘑菇堆的開始。

蘑菇定律你可以這樣用！

① 期許自己汲取基層經驗，加快成長腳步

初入職場或轉換新的工作跑道時，每個人都會面臨蘑菇定律的考驗，唯有提醒自己發揮環境適應能力，秉持多問、多學、少抱怨的做事心態，努力從基層工作中汲取經驗，累積實力，為日後挑戰更高職位打下堅實基礎，才能早日自我提升，爭取到更多表現空間。

② 培訓新人時要注意用人之道

身為主管階層應留意新進人員的適應情形，除了要確保他們能盡快進入工作狀況之外，平日觀察他們的工作表現，依據其能力程度逐步調整職務，才能達到知人善任、人盡其才的目標。值得注意的是，有時過早對新人委以重任可能「揠苗助長」，因此給予新人表現機會時要拿捏時機，避免弄巧成拙。

看看你是什麼樣的職場性格？

　　個人的「職場性格」決定著你的職場表現，影響著上司對你的看法，左右著你的職業發展。因此，瞭解自己的「職場性格」，並進行適當的調整，將有助於你更好地把握職場機遇。

_____1.　電視報導難得一見的流星雨要來了，你的反應是：

　　　　A、沒有興趣，連相關新聞都懶得看。

　　　　B、有點好奇，但看看新聞轉播就滿足了。

　　　　C、是追星一族，當然要留下珍貴的回憶。

_____2.　你平時多久去逛一次百貨公司？

　　　　A、閒著沒事就可能會去那裡逛逛。

　　　　B、不會主動去，路上經過時會進去看看。

　　　　C、好像是有好幾年沒去了。

_____3.　你喜歡聽音樂嗎？

　　　　A、只喜歡聽某一類音樂。

　　　　B、憑感覺，有些歌一聽就會馬上喜歡。

　　　　C、很多歌都是要聽幾遍之後才會喜歡。

_____4.　你平常是否有飼養寵物的習慣？

　　　　A、我超級喜歡小動物。

B、我喜歡養寵物，只是他們的一些小毛病會讓我覺得麻煩。

C、我很少或從來沒養過寵物。

____5. 你洗澡時通常從哪個地方開始塗肥皂？

A、先洗臉。

B、從胸部開始。

C、從個人私密處開始。

____6. 你對常用的交通工具有上鎖的習慣嗎？

A、會另外加裝一道安全鎖，求個心安。

B、只用基本配鎖，覺得自己不會那麼倒楣。

C、會加上好幾道鎖，擔心治安不好。

____7. 你平均每天到工作地點的時間約需多久？

A、30～60分鐘左右。

B、超過一小時以上。

C、半小時以內。

____8. 你一早起來是否會有不想去公司的想法？

A、難免，但次數不太多。

B、次數算算還不少，跟心情好壞有很大的關係。

C、只有下雨天才會不想去公司。

____9. 你閒來無事時會出去散步嗎？

A、會的，不過多半在附近繞圈子。

B、會跑去比較遠、平常較少去的地方。

C、喜歡跑到從來沒去過的地方冒險。

____**10.** **如果可以在101大樓租個樓層來工作，你會選擇：**

A、當然是最高層，喜歡站在最高點的感覺。

B、50層，沒人打擾，而且視野不錯。

C、一樓，進出會比較方便。

算一算你的得分：

題號	A	B	C	題號	A	B	C
1	1	3	5	6	3	5	1
2	5	3	1	7	3	5	1
3	1	3	5	8	1	3	5
4	1	3	5	9	1	3	5
5	1	3	5	10	3	1	5

結果分析

★20分以下者：真才實料型

你的開拓能力及創意能力不足，適合你的工作並不多，但你有高度的
責任心，一旦決定了做某項工作，你會全力以赴將它做到最好。工作
中的你熱情專注，是個盡職的員工或老闆。因此，只要執著地做事，
對自己喜歡的專業深入研究，成功就會屬於你。建議你除了工作，也
要多走出去，加強人際關係實力的累積。

★21～30分者：老謀深算型

你很懂得謀略，知道如何避重就輕，懂得包裝自己的外在形象來掩飾工作上的一些小缺陷。廣結人脈是你在工作環境中如魚得水的一大因素，擁有這樣的性格在職場上很吃得開，與同事關係融洽對升遷有很大幫助。當然，工作還要出色，有成績，老闆才會更加欣賞你。除了做領薪水的上班族外，你也很適合自己做生意，在你的精心掌控下，一切都會朝著你期望的方向發展。

★31～40分者：脫穎而出型

你很有自己的想法，也喜歡提出自己的意見，只是總沒辦法引起共鳴，常常都是差了臨門一腳，自己卻不知道問題到底出在哪裡。其實，你欠缺的只是神來一筆的啟發而已。繼續發揮自己的創意，並努力付諸於實踐，平時多做些「課外功課」，做好基本功，相信好的運氣就會來臨。

★超過40分者：創意天才型

你的專業能力或許有些欠缺，可是你的創意能力卻十分出色。你能勝任自己的工作，但總覺得這份工作不能令你好好地發揮自己的才能，所以總是在不停地尋找機會。你非常適合從事藝術類或設計類工作，關鍵是你要善加利用自己的長處，所以，固定模式的工作類型並不適合你，你可以嘗試再找一份兼職，盡可能地去發揮自己的才能。

3-2 破除不值得定律的心理屏障，上班不再是苦差事

對於上班族而言，每天至少有八小時要把精力用在與工作相關的事情上，如果對工作沒有熱忱、缺乏敬業態度，每天上班就會成為一件苦差事，甚至還會影響到自己的前途。以現實層面來說，當人們從事自己擅長又志趣相投的工作時，不僅對工作中的苦與樂較能持平看待，也常因看重工作而要求自己努力把事情做好，進而有較好的工作表現，但如果人們打從心底看輕自己的工作，通常就會受到「不值得定律」的心理效應影響，導致工作績效一路下滑。

不值得定律最直觀的表述是：你認為不值得做的事情，你就不會花心力把事情做好。當你認為自己從事的是一份沒有價值的工作，或是被委派執行一個不喜歡做的工作任務，很容易就採取消極怠工、敷衍了事的態度，結果不但事情的成功率偏低，工作表現也不佳，即使可以成功，也不會令你擁有多大的成就感；與此相反的，當你認為自己的工作深具價值，就會產生行動驅力，全心投入其中，追求最佳成果。

不值得定律（Not Worth the Candle Rule）
綑綁你的工作表現

　　從心理學角度上來看，不值得定律反應了人性中的「價值取向」心理。這種心理讓人們看待事物時傾向以自我價值觀、個人偏好為依歸，如果在客觀條件允許的情況下，自由選擇一件符合自我價值取向的事去努力，常常能激發人們的鬥志和激情，並且合理分配自己的時間和精力，從而更快、更好地完成這件事，但要是受限外界條件，人們必須從事一件不符合個人價值取向與喜好的事，多半就會缺乏熱情與衝勁，信心與滿足感也大幅滑落，導致事情成功率偏低。

　　不難想見的，人們對事物的價值評斷會影響實際行為。比如職場菜鳥剛進入公司時，如果認為自己做的工作對前途沒有益處、沒有價值，並以跑腿、打雜、卑微小人物等角度看待自身工作，就會感到上班度日如年，或是萌生當一天和尚撞一天鐘的念頭，得過且過地過日子。然而，如果自我調整心態，改變想法，重新賦予工作的意義，狀況就會為之改觀；例如任何大事都要從小事做起，現在做這些微不足道的事，其實是為自己將來的發展作準備，若能盡量從工作中找到發揮自身優點和可學習之處，漸漸地就會覺得倒茶、影印、整理文件的工作也具有價值，自我成長的腳步也將加快。

　　不值得定律帶給人們重要的啟示，就是一個人對待同一件事若具有不同心理，所得到的結果將大相逕庭。在現實生活中，當我們礙於

能力條件或外部因素，暫時無法選擇符合自我價值觀與個人志向的事業時，不要消極面對甚至直接放棄，而應學會調適心態，適應當前環境，培植自我實力，逐日朝向目標努力前進。

實力不足時，任何工作都具有高度價值

　　法國著名印象派畫家莫內（Claude Monet）曾畫過一幅畫作，幾位天使在修道院裡工作，其中一位正在架水壺燒水、一位正提起水桶，還有一位天使身穿廚衣正在伸手拿盤子，這些動作雖然簡單無奇，但是畫中天使的神情卻是全神貫注，使得這些日常瑣事看來既重要又深具意義。這幅畫作無疑告訴我們，任何一項工作任務的重要性與實際價值，全由我們工作時的心境所決定，如果認為工作不重要、沒意義，自然就不會投注心力執行，更不可能思考怎麼做才能讓事情有最好的成果展現，而往往這正是優秀人才與平庸之輩的分水嶺。

　　現實職場中許多人都會面臨一個殘酷處境，在個人能力與外界環境的限制下，即使不喜歡自己從事的工作，也得長期努力工作換取收入，而遇到這種情況時，解套方式是調整自己的心態，試著挖掘出工作能帶來的益處，並且把它們當作是培養個人能力的土壤，否則這份工作勢必會成為身心負擔，甚至造成個人職場生涯的發展停滯不前。

　　事實上，人們常在不值得定律的影響下用自己角度評斷一份工作，不過評斷是一回事，能不能做好又是另一回事，例如有些人自認自己是做大事的人物，但很可能他們連整理基本文件的小事都會出

錯，因此如果能夠靜下心來，仔細地審視自己的工作，你就會發現每一份工作都是一個實現自我目標的平臺，其中常潛藏著極好的資源等著你去利用、去學習，與其花時間埋怨工作，不如設法把工作做好，增強能力，開創個人發展空間。

美國排名前二百大的企業總裁曾經參與一份問卷調查，當中有一道問題是：「在你接觸過的成功人士當中，他們成功的主要原因是以下哪方面？人際關係、決心、敬業、知識、運氣？」其中最多人選擇的項目是敬業。這顯示出「敬業精神」是許多傑出人士的成功主因，這讓他們不論從事何種職業、擔任何種職務，都可以做好自身的工作，進而也比較能獲得被認可、被重用、被提拔的機會。更進一步來說，當你沒有足夠的實力與條件可以挑選工作時，擺在你面前的任何工作都值得你去做好它，只要你具備這種心態，你才能無往不利。

以長遠眼光勾勒你的工作願景

美國著名的電視新聞節目主持人克朗凱特（Walter Leland Cronkite）自小就對跑新聞感興趣，十四歲時就當上校報的小記者。儘管校報是校園性質的新聞刊物，但校方仍聘請一位日報新聞編輯擔任指導顧問，每週指導顧問會為小記者們講授一小時的新聞課程，同時分派採訪任務，某次，克朗凱特被安排撰寫一篇關於學校田徑教練的採訪稿，可是那天剛好克朗凱特的一位好友過生日，所以他一邊心繫著好友的生日聚會，一邊匆忙寫稿，結果胡亂應付了一篇稿子就交

了出去。

　　第二天，身為校報指導顧問的新聞編輯把克朗凱特叫到辦公室，劈頭就生氣地說：「克朗凱特，你的稿子糟糕極了，根本不像一篇採訪稿。你該問的沒問，該寫的沒寫，甚至連被採訪者的重要工作是什麼都沒弄清楚。你應該記住，如果有什麼事情值得去做，就得把它做好！」這番訓斥對年僅十四歲的克朗凱特相當震撼，而那句「值得做的事就要把它做好」的忠言，更在日後長達七十多年的新聞事業生涯中成為他的座右銘。

　　不值得定律告訴我們，你認為不值得做的事，通常就不會花心思想做好，而克朗凱特的人生經歷則說明了，你認為值得做的事，更該努力做好它，但是哪些事可以稱為「值得」、哪些事又是「不值得」如何評定也因人而異，沒有一定標準。換言之，一件事的得失好壞主要取決於我們的價值觀，以工作來說，當你對當下的這份工作有所疑慮，內心感到猶豫、彷徨或不滿時，多半是因為心底想追求的部分未能獲得滿足，好比想從事更具挑戰性的工作、薪水待遇能調高、升遷管道能暢通等等，而隨著工作年資的增長、職場規劃的變更，換工作或轉換跑道所要考量的事情越多，想要做出選擇相對也困難許多。

　　其實世界上沒有完美的職業，只有適合自己的職業，職業選擇的出發點也應是依據自己的個性、能力、興趣愛好、價值觀，對於具有明確的奮鬥目標的職場人士來說，每份工作都是一路通往奮鬥目標的墊腳石，但從未思索過個人志趣與職場規劃的人，卻很可能是隨波逐流，走走停停，最終迷失方向，既無從得知自己要做些什麼，又難以

判斷哪些事情值得去努力。

　　一般來說，值得從事的工作至少要符合自我價值觀、個人志趣，以及具有發展期望，如果你當下從事的工作不具備這三項條件，貿然更換工作未必是好事，尤其職場新人更應避免盲目換工作而降低職場價值。此時不妨以長遠眼光重新思考你的職場規劃，好比你想更換的新工作需要具備哪些能力與就職條件，同時自我評估是否取得了基本的入門資格，而你從目前的工作中又能獲得哪些經驗，可以在日後轉換成求職的競爭籌碼。當你考慮得越清楚，就越能在多種可供選擇的奮鬥目標及價值觀中挑選一種，然後為之努力奮鬥，往往未來的職場發展也較能事半功倍。

評價工作時，別忘了別人也在評估你的價值

　　就業市場的人力競爭常比我們想像中來得激烈，人們被要求不斷創造更大的價值、貢獻更大的成績，而每家公司就像一部機器，透過每個職位的分工合作才得以高速運轉，因此任何一個職位上的工作都具有重要性，如果我們只站在個人的角度輕率地評價工作，忽略了工作背後所蘊含的實質意義與可能回報，很容易就會失去成長機會，進而無從提升自我的職場價值。

　　每個人初入職場時都是先從基層的工作開始做起，而自出社會之後的五到十年之間，所有人都努力累積自己的實力與工作成績，試著從基層員工逐步成為核心員工，甚至成為中高階管理者，所以無論

你現在擔任什麼職位、工作資歷多久，每一次的職場發展機會、每一次的工作任務都值得你好好把握，更重要的是，我們應牢記沒有平凡無用的工作崗位，唯有從工作中挖掘自身潛能，讓自己具有不可替代性，才能穩健踏實地走出不凡的職場道路。

不值得定律你可以這樣用！

① 兩難時，利用不值得定律做出決策

面臨棘手、難以決定的事情時，優柔寡斷會影響辦事效率，此時你可以依據不值得定律幫助自己盡快找出最值得做的事情。首先找一張白紙左右對折，在折線左方寫下做這件事能帶來的好處，並且給予相應的分數，在折線右方寫下做這件事能會帶來的弊端，同時也給予相應分數；分數的大小按照對你個人的影響來決定，你可以以十分制來計算，最後統計左、右兩方的個別分數，如果好處遠遠大於壞處，就做這件事，反之就放棄。

② 賦予團隊成員工作滿足感，提高工作執行率

帶領團隊成員工作時，依據成員的性格特點、專長、能力，合理分配工作任務，可以增加他們的工作動力，例如把有難度的工作任務託付給想追求工作挑戰的人，或是把需要統籌規劃的工作託付給有領導欲的人，都能讓團隊成員感覺自身工作是值得的、有成就感的，而過程中適時給予肯定與讚美，更能激發工作熱情，強化團隊向心力。

你在職場上夠成熟嗎？

　　艾莉，在一家美商公司工作。一天BOSS擬了一份兩頁長的企畫方案。可是艾莉認為這個企畫方案很有可能增加成本、或者會引起客戶和員工不滿，總之不切實際。你覺得艾莉會怎樣處理這件事情呢？

　　A、暫時拋開自己的想法，按照BOSS的計畫執行，等到問題出現後再提出自己的想法和建議。

　　B、告訴BOSS這個計畫不切實際，無法執行。

　　C、採取迂迴的方式告訴BOSS自己對於計畫的看法，最終的決策還是交由老闆來做。

選Ⓐ：你已經在職場中有所歷練了，但是，這樣的做法不是最好的選擇。要知道，老闆不喜歡那些當面質疑他權威的人，但是也同樣不喜歡自己的下屬，老是以一副「事後諸葛亮」的形象出現。如果真的有更好的想法，建議你在仔細想清楚以後，用一種婉轉的方式向老闆提出來。這樣不僅照顧到了老闆的面子，還會讓老闆覺得你確實是在為公司的利益考慮，相信以後也會更加重用你的。

選Ⓑ：從這個選項來看，你的職場成熟度不是很高，也可以說，目前你的一舉一動都已讓BOSS有了防備之心。這裡，建議你：當你

對BOSS決定持有不同意見時，不要直接說出，要知道你的這種表現會讓BOSS覺得你在質疑他的權威，本來你是好心建議，最後反而會讓自己處於很尷尬的地位。

選**C**：你非常懂得用婉轉的方式向你的BOSS去闡述你得觀點。你深知，要如何在照顧BOSS面子和實現自我價值上取得完美的平衡。相信你的職涯也會走得比其他人都要輕鬆、順暢的。

3-3 果斷處理工作問題，擺脫布里丹毛驢效應的選擇困境

在競爭激烈、講求效率的現代職場中，很多人誤以為做出工作決策是管理階層才需要煩惱的事，但事實上，每個人的工作崗位常有許多工作狀況要緊急應變，也時常得當機立斷處理工作問題，只是遭遇工作問題或意外變故時，不少人缺乏應變能力，一碰上狀況就陷入長考，遲遲無法做出適當的反應，表現得顧慮甚多、猶豫不決，最後反而錯過了處理問題的黃金時間。

儘管大家深知優柔寡斷是工作決策上的大忌，也明白遇到問題要果斷處理，立即採取因應措施，迅速化解危機，並且為下一步工作做好準備，然而真正面臨決策時，卻還是經常陷入遲疑不決的狀態，無論是擔憂自己的能力不足以解決問題，或是想要等到一切有萬全準備才採取行動，表面上看來都是深思熟慮，不輕舉妄動，但實際上卻落入了「布里丹毛驢效應」的選擇困境。

一般說來，工作問題迎面來襲時，憂心做錯決策、恐懼未知風險常是無法果斷行動的原因，而這只會造成情況逐漸惡化，許多問題也將因為一時的猶豫和搖擺而增加難度，更糟糕的是，越是害怕做出工

作決策，越是不敢採取解決行動，長此以往下，不僅影響工作表現，連帶地也阻礙了個人工作能力的提升。這意味著不分職位高低，唯有克服害怕做出決策的心理問題，提升果斷處事的能力，才有可能妥善處理工作上的各種問題。

別讓布里丹毛驢效應（Buridan's Ass）拖延你的行動腳步

What is it?

　　布里丹毛驢效應又稱布里丹之驢、布里丹選擇、布里丹困境，源自法國哲學家布里丹（Jean Buridan）講述的一則寓言故事。話說有位哲學家養了一頭小毛驢，所以他每天都會跟住家附近的農民購買乾草料，某日，農民出於對哲學家的景仰，額外地多送了一堆乾草料，但正當哲學家驚喜道謝之際，小毛驢卻顯得非常煩惱，牠站在兩堆數量與品質完全相同的乾草堆中間，左顧右盼，不知道該先吃哪一捆。小毛驢雖然享有充分選擇乾草堆的自由，但這兩堆乾草堆從外觀上根本分不出優劣，於是這頭可憐的小毛驢就這樣站在原地，一下子考慮數量，一下子思考顏色，一下子又分析新鮮度，如此猶豫不決，反覆思考，最後竟在無所適從中活活餓死了。

　　日後，這則「布里丹之驢」寓言故事被用來比喻優柔寡斷並自嚐

苦果的人，而人們在決策過程中猶豫不決、難作決定的現象則被稱為布里丹毛驢效應。在日常生活和與工作事務中，我們經常面臨著種種抉擇，當面對兩堆同樣大小的乾草堆時，如果堅持要「完全理性、毫無損失」地做出決斷，下場很可能是停滯不前的餓死，但若能在既有知識、既有經驗的基礎上，運用直覺、想像力、創新思維，盡可能以「有限理性」求得「最大滿意化」的結果，往往就能做出最佳抉擇。

與其要求工作萬無一失，不如抓緊時機採取行動

　　身處職場，我們常要面對工作事務上的挑戰與抉擇，某些決策可能攸關工作成果、計畫成敗與否或個人升遷，因此多數人都希望凡事能做出最好的選擇，常常在抉擇之前反覆權衡利弊，再三仔細斟酌，可是有時事情無法兩全其美，往往選了A可能損失B，選了B又可能失去A，而在很多情況下，有些工作問題讓我們沒有足夠的時間得以反覆思考，只有當機立斷、迅速決策，才能搶佔先機，一旦落入舉棋不定的狀況，許多好時機反而就這樣擦身而過。

　　正如布里丹毛驢效應帶給職場人士的重要啟示：面臨工作決策時，最可怕的不是你做錯選擇，而是你不做任何選擇。美國思科系統公司（Cisco Systems, Inc）總裁錢伯斯（John Chambers）在談到新經濟的規律時說：「現代競爭已不是大魚吃小魚，而是快魚吃慢魚。」現實中的商業競爭與職場競爭正是如此，做得最好的人未必就會馬到成功，掌握順風而起的機遇也很重要，「速度」已經成為成功

的關鍵因素之一。以企業組織來說，再好的決策也經不起拖延，而以個人來說，因應外界變動、快速解決工作難題，不僅證明了應變力、創造力與工作能力，同時也決定了你能否成為難以被取代的職場人才。

舉例來說，美國聯合碳化物公司（Union Carbide Corporation）多年前在紐約興建了一座氣勢宏偉的五十二層高樓，為了宣傳公司形象與打響名氣，所有人都積極籌思如何舉辦公關造勢活動，但是隨著預定活動日期的逼近，某天總部卻接獲了棘手的消息。裝修工人意外發現成群鴿子棲息在大樓裡，鴿糞遍地都是，鳥羽滿天飄飛，就連外牆也遭到波及。

公司高層緊急召集各部門負責人商量對策，有人提議增派工人驅趕鴿子，同時雇用一批清潔工打掃大樓，也有人建議將活動日期延後，另外想個一勞永逸的方式，最後有人提議把鴿群當作釋放和平鴿的儀式，如果是你，你又會提出怎樣的解決之道？就在公司高層始終難以決定解決方案之際，趕赴會議室的公關顧問宣布：「各位，我剛實地走訪了大樓現場，這是千載難逢的宣傳機會啊！」大家面面相覷，不敢置信這場災難怎麼會是好機會？等到公關顧問報告了解決方案後，眾人才恍然大悟，公司高層也立即下令大家配合。

公關顧問是怎麼扭轉局勢的呢？首先，緊閉大樓的所有門窗，不讓一隻鴿子飛走，再來主動聯繫動物保護協會，請求他們協助處理鴿群的安置事宜，最後就是通知美國各家新聞媒體，美國聯合碳化物公司竣工的高樓停滿鴿群，為了保護鴿群，一場溫馨又有意義的護鴿

活動正在進行。可以想見的，充滿新聞點的護鴿事件引來媒體競相報導，連續三天時間吸引了全美觀眾的關注，與此同時，美國聯合碳化物公司也擺脫了與化學污染掛勾的印象連結，樹立了愛護動物、關懷生命的企業形象，原先被視為棘手的災難事件，搖身一變成了提升知名度的助力。

　　這則案例故事告訴我們一個道理，面臨工作難題時，如果不能綜觀全局，將視野侷限在有限的解決方案中，往往容易出現原地打轉的狀況，但要是一心期望有個完美的解決方案，又會落入猶疑不定的選擇困境，其中的關鍵點在於，你要明確知道你想要得到的是符合最大利益，還是最大滿意？

越想獲取最多利益越會加深猶豫

　　職場生涯並非是總是Happy Ending的電視劇，工作崗位上的問題與挑戰，儘管經常迫使我們要做出不知結局會如何的選擇，但現實職場中的選擇大多數沒有絕對的優劣，這也就是說面對A方案與B方案時，你不管選擇其中哪一個都各有利弊，問題是你若總想著要取得最多、最大的利益，只會導致你面臨選擇時更加猶豫。多數時候，選擇A也意味著放棄B，不過關鍵在選擇後的堅持，而不在於選擇本身，如果你一開始就把自己限制在「選出最好」的思維裡，就會成為餓死的布里丹之驢，要是換個角度思考，如何讓事情的狀況比較能令人感到滿意，決策結果將會大為改觀。

每個職場人士都渴望完美地解決工作問題，而各種解決方案的利與弊，如同是一枚硬幣的兩面，你無法只挑出好處，而不要連帶衍生的小麻煩。以股票投資為例，很多股民處於有利狀態時，常因為賺多賺少的問題而猶豫不決，處於不利狀態時，又常因為僥倖心理而無法客觀分析狀況，造成事先的停損計畫形同虛設，最終讓自己被套牢。面對工作問題的決斷也是相同道理，一味地追求最高利益的實現，勢必綁手綁腳，反被問題綑綁得無法動彈，與其要求工作問題完全一次性的解決，不如趁著情況還未惡化之際，果斷採取防止損害擴大、降低風險的做法，一旦你能開始「管理」問題，並將狀況導向到逐漸令人滿意的走向，就能有效避免被問題壓制行動。

牢記四大原則，培養你果斷處事的能力

工作中遇到需要解決的問題時，缺乏果斷處理能力的人，多半是因為不相信自己判斷事務的能力，並且擔心難以承擔失敗的責任與風險，所以經常會表現得猶疑不定，連帶地影響到工作成果，長此以往下，無論是獨立工作或團隊小組合作都很難有出色的工作表現，而以下四大原則將能協助你培養果斷處事的能力，有效率地處理工作問題。

1. 保持冷靜，思考解決方案

無論事情多複雜、問題多棘手，保持冷靜才能好好思考。檢視問題時，要通盤考量每個環節與核心關鍵點，思考你可以採取的行動方

案，一旦決策拍板定案後，就不要三心二意，只要全力以赴地加以執行。

2. 避免讓小問題滾成大雪球

工作問題出現時，不要存有拖延或是僥倖的心態，更不要將重要的部分留到最後關頭才解決，當小問題滾成大雪球後，通常你必須花費更大的心力才能處理，特別是某些急迫性的狀況出現時，寧可果敢決斷地採取暫時性的因應措施，也不要因為優柔寡斷放任問題惡化。

3. 不要對「做出決定」這件事感到恐懼

工作中的決斷能力多數是依靠經驗累積而成，不要害怕對工作問題做出決斷，只要能融會貫通過去的經驗，發揮你的最佳判斷力，即便過程中產生疏失也能加以因應與調整，要是始終害怕做出錯誤決定，就永遠無法養成精準的判斷力。換言之，每一次的決斷過程，都能培養、增加你的果決能力，而隨著經驗的逐次累積，也能從中發現自己應變時的優缺點，進而大幅提升判斷力與決策力。

4. 別當做事搖擺的半調子

多數人做決定時，難免會有保留退路的想法，但是當面臨即刻要做出決斷的事情時，這種想法有時會導致做事半調子，因此不妨假想自己已經毫無後路可走，如此一來，所有的心力較能集中在如何解決事情的焦點上，同時也能以勇往直前、過關斬將的處理決心突破難關。

總結來說，處理工作事務、遭遇工作問題時，務必要戒除優柔寡斷的毛病，提防自己陷入「布里丹毛驢效應」的選擇困境，平時多多培養果斷行事的習慣，不僅可以強化個人自信，提高處理事情的效率，也能獲得工作夥伴的信賴。值得一提的是，儘管有時我們會為了不慎作出錯誤的決斷而懊悔，但從長遠角度來看，一次的失誤，就是一次經驗的累積能幫助我們從中學習到更多正確處理事情的細節，因此不要害怕對工作狀況採取明快、果決的決斷做法，唯有透過一次又一次的實務經驗累積，行事果決的能力方能真正獲得成長！

布里丹毛驢效應你可以這樣用！

① 提醒自己要果決處理工作問題，避免延誤時機

遭遇問題時，逃避不能解決事情，但停在原地拿不定主意也會讓問題惡化。在某些狀況下，你要是無法立即想到問題的因應之道，率先採取防止損害擴大、降低風險的做法，不僅能避免事情演變得更加複雜，也能爭取時間思考決策，一旦決定解決方案後，不要搖擺不定，全力以赴執行。學會「管理」問題，避免被問題牽著鼻子走。

② 決斷事情時確定可行目標，學會選擇也要允許放棄

做決策時，堅持要採用「完全理性、毫無損失」的方案，或是期待有完美方案能一次解決問題，往往是不切實際的做法，我們該思考的是事情如何處理能有滿意結果，而不是把焦點放在怎麼做事情才能有百利無一害，換言之，不管問題有多大，要避免工作空轉，就應逐步邁出「讓事情越來越好」的步伐，工作事務才能有效推動。

Let's test ! 心理測驗：從意外所得看你的決斷能力！

一天，你偶然在路邊撿到一千元，你想去買一件一直很喜歡的洋裝，但是錢不夠，如果去買一個並不急用的包包，反而能多數百元，你會怎麼做？

A.自己加些錢把心儀的洋裝買回來。

B.先買包包，再去買其他小東西。

C.什麼都不買先存起來。

結果分析

選A：決斷力還算不錯，雖然有時會三心二意，猶豫不決，卻總是能在緊要關頭做出決定，比起普通人來說已經算是傑出的了！你最大的特色是做了決定之後就不再反悔，但這並不是因為你的決定都是正確的，而是因為你好面子，即使錯了也不願承認。

選B：總是拿不定主意，做事沒有主見，處處要求別人給意見，你很少自己做判斷，因為個性上有些自卑，總是無法肯定自己，可能你以前因為做決定吃過什麼虧，或者周遭的人物太優秀了，因此造成你老是有不如人的感覺。

選C：決斷力快速，但是不客氣地說，有時這是肇因於個性莽撞，就是因為衝動率直的個性，對於事情的考慮不夠周詳，因此你常常後悔自己匆匆做決定，以致於忽略了其他事情。

3-4 競爭不是壞事，善用社會促進效應製造雙贏

出社會步入職場後，多數人很快就意識到自己與同事之間存有微妙的互動關係，平日為了創造工作成果彼此互助，但遇到職位升遷時又成為競爭者，而與同行之間有時也存有同生共存的競爭關係，不過令人苦惱的是，該如何面對這類既合作又競爭的關係，才能兼顧職場人際關係與職場生涯呢？

事實上，身處高度競爭的現代社會，每個人雖然都要面對各種型態的競爭，但對於「競爭」所抱持的態度卻大有不同。有些人認為競爭是具有負面意涵的用詞，那代表著全輸或全贏的爭奪戰，但也有些人是以積極觀點加以看待，例如正因為人們有了競爭意識，促使個人潛能得以激發，商業市場得以拓展，甚至推動了社會文明的發展。對此，心理學家認為，合理的競爭能讓「社會促進效應」發生積極作用，進而帶來雙贏或多贏的局面；這意味著競爭其實是中性的描述用語，若以積極心態面對各類職場競爭，我們就能避免陷入惡性競爭的危害，創造出多方受益的局面。

社會促進效應（Social Facilitation Effect）
正面看待競爭，超越自己

　　一八九七年，社會心理學家崔普烈（Norman Triplett）經由一次觀察活動發現，自行車運動員訓練的時候，一人單獨訓練時的騎車速度比起和多名運動員共同訓練時慢了20%。隨後，他設計了一個纏繞釣魚線的心理實驗，藉以探測獨立作業與集體活動的效率差異。他將參與實驗的小朋友們分成兩組，一組是自己一個人單獨繞線，另一組是與其他人一起繞線，結果顯示集體繞線組別的效率高於單獨繞線組別10%。據此，他得出實驗結論，個人在集體中活動的效率要比單獨活動時來得高，也就是說他人在場時能刺激個體工作效率的提高，而這就是社會促進效應的原形。

　　日後，其他心理學家相繼進行了有關實驗，並且注意到社會促進效應在某種狀況下，不但沒有發生提高效率的作用，還會造成效率低落的現象，而這種反向的心理效應又被稱為「社會抑制效應」。心理學家發現，當人們從事某項活動但技術不夠嫻熟時，容易因為有其他人在場而慌亂，結果導致活動效率降低，但只要加強練習、累積經驗、建立信心、不對外界評價過度反應，就能解決問題。

　　具體來說，社會促進效應是指當一個人從事某項活動時，如果有旁觀者或競爭者在場，會因為心理刺激的影響而促進活動的完成。換言之，社會促進效應發生作用的心理機制是，別人的工作表現、具體

行動能轉換為外界刺激，會使得我們自己採取類似的心理反應和動作表現，而群體活動的競爭性刺激往往會成為激勵動力，助長被刺激個體的操作動機，提高工作效率。好比我們與其他人一起工作時，由於擺脫了單調乏味、無競爭、無刺激的工作情境，進而在無形中增加工作動機，提高工作效率，甚至激發出個人的潛能。

在職場上，若能善用社會促進效應，將團隊工作或帶有競爭意味的工作任務，都視為幫助自我成長、超越自我、向外界請益學習的機會，不僅能讓我們的工作能力有所精進，也能持續拓展職場生涯的發展舞台。

合理競爭有益發展，惡性競爭則導致全面毀滅

在競爭激烈的現代職場中，每個人的職位、工作能力、競爭優勢經常會隨著個人的努力程度有所變動，而在社會促進效應的作用下，當周遭多數人都致力於爭取成功時，積極進取的氣氛也會激勵我們奮發向上，不過從另一方面來說，過度爭強取勝的競爭意識，往往容易導致得失心過重、為達目的不擇手段、嫉妒仇怨的不良心理，長遠來說並不利於個人的職場發展。

許多時候，面對職場競爭者，我們難免都想使出渾身解數一較高下，尤其遭遇資源有限或是牽涉到個人利益的情況時，更容易針鋒相對，明爭暗鬥，然而一旦陷入了惡性競爭，常常對雙方的發展沒有好處。好比爭取出缺的管理職位時，私下拉幫結派搞小圈圈，互相在工

作事務上扯對方後腿，無論之後誰走馬上任，隨即都要面臨團隊向心力的問題，有時辦公室內的派系人馬之爭，甚至會嚴重影響工作事務的正常推展。

多數人常把競爭者視為敵人，卻忽略了競爭者的出現也為我們帶來自我升級、開拓前景的可能機會，若在競爭的時候永遠保持共存的意識，不要只關注競爭而斷了發展的後路，才會有更寬廣的發展空間。如果只為一己私利而排擠、壓制、惡意攻擊競爭對手，最終的結果也不過是既損人又不利己。

諸多現實案例告訴人們，惡性競爭下取得的成果並不長久，合理的良性競爭則能「把餅做大」，創造多方受益的局面。職場上，無論同行或同事的相互競爭都是不可避免的事，而我們與競爭者之間常是一種「同生共贏」的關係，因此與其互相爭鬥，拚個你死我亡，不如學會與競爭對手共舞，換來雙贏的局面，這也正是社會促進效應帶給人們最重要的工作啟示。

職場上的競爭對手往往是敦促你成長的重要人物

儘管社會促進效應讓我們了解到，團隊工作能刺激個人提升工作效率、激發潛能，但在現實職場中，遇到工作習慣不同、行事作風迥異的工作夥伴時，彼此之間免不了要花一些時間相互磨合，而要是對方剛好與你有競爭衝突，雙方卻又必須相互合作時，我們該如何調整心態，才能早日讓彼此為實現共同目標而努力？看看以下這則案例故

事，或許能讓你對「職場勁敵」有不同的看待觀點。

一九一二年，美國鋼鐵大王卡內基（Andrew Carnegie）任命他最信任的部屬許瓦柏（Charles M. Schwab）出任公司總裁。許瓦柏上任不久後，就發現公司旗下的一家鋼鐵廠產量低落，他百思不解的是，這家鋼鐵廠的機器設備都與其他廠完全相同，但為何總體產量卻是倒數第一名？為了查明原因，他前往這家鋼鐵廠，親自詢問廠長是否遇到了什麼困擾，廠長則將工人生產力不佳的狀況據實以告，並且說：「我幾乎想盡了所有的辦法，甚至不斷提高工作獎金，但他們工作起來還是消極又散漫，老是要像驢子一樣，拍一下才動一下。」

這一整天許瓦柏都在廠裡視察，到了白天班工人要下班的時候，他從領班口中得知當天白天總共鍊了六噸鋼，隨後，他用粉筆在廠房的水泥地上寫下了一個大大的「6」，也沒多做解釋便默默離開了。晚班工人一來上班，看到地上的「6」，十分好奇地詢問領班這數字是什麼意思？領班回答說：「那個6是今天總裁來突擊檢查時寫的，6就是白天班今天產量有六噸的意思。」

隔天一早，許瓦柏再度來到廠房視察，很快就發現他昨天寫下的數字已被改成了「7」，而早班工人看到地上的「7」之後，知道晚班工人多生產了一噸鋼，於是卯足全力工作，努力想超越晚班工人的產量。此後，早晚班工人為了刷新對方的數字紀錄，開始努力鍊鋼，而就在日夜交替的良性競賽下，這家鋼鐵廠的產量直線上升，先前產量落後的問題自然也徹底解決了。

這個故事無疑告訴我們，合作與競爭並非是完全衝突的兩件事。

在分工日益精細化的今日，組織內部的相互協助、集體合作越來越重要，我們往往透過與人合作成就工作表現，又藉此作為個人或團體的競爭優勢，這意味著面對同事間的工作較勁、部門間的成績比較，與其用負面角度看待，把對方視為死對頭，不如學習對手的優點，補強自身弱勢之處，試著從競爭中激勵出成長的動能，如此一來，競爭對手的存在反而能成為推動你持續前進、不斷成長的助力。

巧妙消除同事警覺競爭的心理，建立合作互信

身為職場人士，不論你處在哪個職位，都應懂得與同事保持良好的互動關係，更應學會將競爭優勢導向對自己有利的方向，因為在社會促進效應的作用下，彼此的工作表現、具體行為會相互刺激，正向的刺激能帶來良性回饋，反之則易造成共事關係的緊張，增加工作摩擦。

當我們認為自己與同事存有合作又競爭的微妙關係時，同樣的，同事們也必然會產生既渴望合作又警覺競爭的想法。面對這種複雜心理，妥當的因應方式就是避免誘發對方警覺競爭的心理，並且設法建立互信、互助的合作關係，而在一般情況下，我們可以運用以下六大行為準則，逐步地與同事建立起友好合作的關係。

1. 以實際行動扮演好工作夥伴的角色

「信賴感」是促使合作成功的重要因素，想要爭取同事的信任，

並且消除對方警覺競爭的心理，就應在日常工作的接觸過程中，以實際行動讓對方體會到，你努力做好自己的分內工作，是基於責任感與事業心，而不是出於想壓制對方表現的私心。每當工作成績出爐後，不要向同事炫耀或沾沾自喜，這可能會讓對方感覺到你是在暗示他「我比你高明又厲害」，如果工作過程中同事曾貢獻過心力，永遠不要忘記感謝對方的密切配合，更別把工作成果據為己有，而一旦同事取得工作佳績時，也要獻上掌聲與讚美。

2. 遵守互相尊重、互相支持的共事原則

同事之間常常會遇到工作上的交叉配合，也會有需要共同處理的工作，秉持互相尊重、互相支持的共事原則，可以讓雙方合作愉快。對於需要交叉處理的工作任務，應盡量尊重並理解同事的立場，凡事多多協商，尋求解決，不要擅自做主處理，以免造成工作執行上的不必要問題，又影響到雙方的互動關係。

3. 分清職責，掌握工作分寸

與人共事時，「遇到好事就爭、碰到難事就推」的行為，經常會快速破壞雙方關係，因此與同事合作時要分清職責，拿捏分寸，只要是屬於別人職權之內的事絕不干預，屬於自己的責任與分內工作也絕不推卸，務必做到不爭權、不卸責；值得注意的是，不該由自己處理的事情，雖然不必搶著處理，但假若同事希望你能幫忙，也要考量實際情況，適時伸出援手。

4. 工作上要嚴以律己，不在背後議論同事

我們在看待自己的工作表現時，應該少看長處，多看不足，不要因為取得一些成績就得意忘形，而面對同事的工作表現則要試著去欣賞與肯定，多看對方的長處並加以學習；此外，不要隨意與人議論同事的工作表現，這很容易給人留下你愛在別人背後說閒話的負面觀感，而且還可能引發辦公室流言，影響你與同事的關係，甚至造成他們對你的防備心理。

5. 協調工作時要以理服人，避免意氣之爭

許多時候，同事間難免因為工作問題產生摩擦，但若凡事都想辯贏爭勝，溝通時又缺乏耐心、口氣急躁，不僅容易加深彼此誤解，也可能導致事情流於意氣之爭，結果本來能輕鬆解決的問題，反倒變得棘手麻煩。無論是大問題或小事情，遇到彼此意見不同時，都應盡量做到心平氣和、以理服人，有誤會也應立即化解，最重要的是，不要把個人情緒帶入工作中，往往這能讓對方了解你是出於解決問題的立場展開討論，並不是針對他個人的工作行為，如此一來，雙方就能不傷和氣地解決問題，有時甚至能因此建立起更加牢固的合作關係。

6. 重視有效的雙向溝通，培養工作默契

工作事務能否順利推動，經常仰賴於溝通聯繫是否密切與及時，因此與同事共事時要時常雙向溝通，增進彼此的工作默契與信任感，藉以養成彼此相互支援的共事模式，唯有如此，雙方才能有效地相互合作，並避免不必要的工作誤會與摩擦。

世間萬物都是相互消長、互為因果，社會群體生活也是如此，我們常因輔助別人而造就自己，又因別人的造就而改變自己，而在出社會步入職場後，工作上的輸贏得失常會帶來嶄新體驗，有時如果執著在一心不讓別人贏，最後的大輸家卻可能是自己。面對職場競爭，「贏家」的真正意義是能在有限的時間裡，事半功倍地完成工作任務乃至於個人目標，學會善用社會促進效應，讓自己與共事夥伴在愉快的工作氣氛下合作，並以同生共贏的思維行事，才能發揮高效率。

社會促進效應你可以這樣用！

① 善用集體合作的力量，保持良性競爭

與人共事時，想要發揮1+1大於2的力量，有效完成工作目標，就應在善盡本分的同時，學會與他人相互合作，不要擔心被人搶鋒頭而壓制他人發展、扯人後腿，往往你怎麼對待他人，對方就會同樣地回報你，而且站在主管的立場，缺乏合作意識的員工就是麻煩人物。唯有正面看待工作上的各類競爭，把職場勁敵當作激勵自我成長的工作夥伴，才能讓職場生涯之路走得長遠而寬廣。

② 管理者應強化團隊合作意識，預防組織內耗

帶領團隊工作時，身為管理者必須營造友好、鼓勵互助的團隊文化與氣氛，讓內部成員能齊心合作，有效提升工作績效，如果發現成員間有惡性競爭的狀況時，應設法居中協調並化解，避免團隊陷入組織內耗，與此同時，也要檢視自己的領導方式、內部獎懲制度是否該進行修正，盡可能給予成員公平、公正、良性競爭的發展空間，才是上上之策。

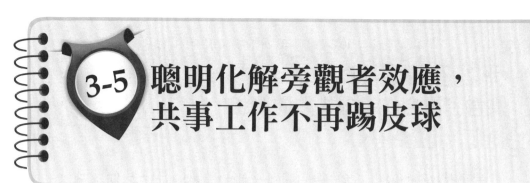

3-5 聰明化解旁觀者效應，共事工作不再踢皮球

職場中人常有自己偏好的工作模式，例如有人喜歡獨立作業，有人熱愛團隊合作，但無論何種工作模式，免不了都有與他人配合才能完成工作的時候。與人合作共事的好處，不外乎互補長短以便取得最佳成果，只是可能衍生的壞處也不容忽略；比如大家預期某件事有人會主動執行，但最後反倒沒人動手處理，一旦工作出問題，相關人員又開始互推責任，或是工作執行過程中，有人只想搭成果的順風車，專挑輕鬆的事情做。諸如此類的「旁觀者效應」常導致原先預期的工作效能大量降低，狀況百出的工作任務更使人心力交瘁。

有種說法是：「一個人工作敷衍了事，兩個人合作相互推諉責任，三個人以上大概要靠好運氣才能讓工作結案。」職場上的合作共事，並不是簡單的人數相加與力量加乘，如何提高共事合作的工作績效、避免旁觀者效應的干擾，不管對員工部屬或上司主管來說，都是非常重要的職場課題。

旁觀者效應（Bystander Effect）
隱含了讓合作走向失敗的真相

　　旁觀者效應的緣起，首先要回溯到一起社會事件。一九六四年三月的某日凌晨，美國紐約有位年輕的酒吧女經理慘遭殺害，事後，美國媒體群起譴責紐約人的冷漠，因為兇手作案時間長達半小時，而當時案發現場附近的民眾卻無人採取積極作為；他們在面對受害者的呼救聲、兇手的兇殘行徑時，沒有任何一個人挺身阻止悲劇發生，也沒有人立即打電話通知警方救援。

　　正當這起兇殺案中掀起社會冷漠、人際疏離等議題的討論熱潮時，兩位心理學家達利（John Darley）與萊丹（ Bibb Latane）並未認同主流媒體的看法，而且還特地進行了一項心理實驗。他們找來七十二名實驗參與者，隨後在全體參與者不知情的狀況下，與一名假裝患有癲癇的假病患展開互動。實驗過程中，心理學家採取一對一或四對一的兩種方式，讓參與者與假病患保持遠距離聯繫，相互間只能透過對講機進行通話。

　　事後的統計資料出現了很有意思的結果，在交談過程中，當假病人大呼救命時，採取一對一通話模式的組別中，有85%的人會立即設法通知實驗人員有人發病，而採取四對一通話模式的組別中，當四名參與者同時聽到假病人呼救時，只有31%的人採取了通報行動。心理學家把這種現象稱為「旁觀者介入緊急事態的社會抑制」，更簡單的

說法就是「旁觀者效應」。

他們認為出現緊急情況時，每位目擊者會因為身邊有其他人也在場，就會先觀察其他人將採取何種反應，結果導致每位旁觀者都看似無動無衷，換言之，眾多的旁觀者分散了每個人應該負有的責任，最後演變成誰都不負責任，於是任何的行動都難以成功。更進一步來說，面對緊急狀態時，人們的袖手旁觀與一般認為的世態炎涼、冷漠疏離等集體性格缺陷沒有太大關係，而是旁觀者效應造成了多數人沒有採取積極作為。

日後，旁觀者效應的概念被延伸到日常生活中的各種層面。以組織管理、職場工作來說，當一個人從事某項工作時，由於不存在旁觀者，必須由他一人承擔全部責任，即便出現敷衍了事的狀況，勉強還是能完成工作，但如果有兩個人要共同完成一項工作，雖然雙方都肩負工作責任，卻會因為另一名旁觀者在場，使得彼此容易推諉責任。至於三個人或三人以上的共事者，因為旁觀者人數增多，情況就更加複雜，大家對工作也更會產生踢皮球心理，最後工作自然一團糟。這意味著提高職場共事合作的成功機率，必須預防旁觀者效應的發生，而關鍵就在於：釐清工作權責，確立共同目標。

想要與人成功共事？不能忽視對目標的認同感

旁觀者效應儘管揭示了職場共事合作中的衝突性、無效性，但我們同樣也能看到眾人齊心協力完成某件事情時，每位參與者都會感到

自豪，從中也找到了合作的樂趣，有時甚至還發展出緊密、相互信賴的夥伴關係。當然了，在現實生活中，齊心協力完成工作並非口頭承諾就能實現，能否讓共事者都產生認同心理、採取真正行動，往往決定了最終成果。

美國管理顧問米勒（John G. Miller）曾說過一個真實故事，某次他到加油站附設的便利商店買咖啡，可是咖啡壺是空的，於是他走回櫃檯和服務人員說：「對不起，咖啡壺空了。」服務人員聽完只是站在原地，用手指著不遠處的同事說：「咖啡是歸他的部門管。」米勒對這樣的回應感到驚訝，他心想在這個和住家客廳同樣大小的商店裡，居然還有分部門？

事實上，許多企業組織或工作團隊都有這種類似狀況，只要工作一出問題，部門之間、成員之間常會相互推卸責任，沒有人肯承擔錯誤或出面善後。米勒認為，強化組織效能、改進工作流程的方式，首要是內部成員應把「該如何做」當成思考重點，並且要把焦點放在具體的行動上，而不是找理由解釋無法行動的原因。更進一步來說，在現實職場中，團隊合作也好，與人共事也好，培養彼此的信賴關係，建立起明確的目標，妥善分配工作項目，讓所有共事者朝向一致的方向做出努力，才能順利推動工作，提高成功機率，與此同時，也才能排除干擾合作的負面因素，激勵共事者積極合作。

避免多頭馬車分散力量

面對職場的共事合作關係時，我們常假定每個人的能力都為1，那麼10個人的合作力量加總變化後，結果有時遠比10大得多，有時卻又能比1還要小，然而，是什麼原因造成合作能量的倍增與抵銷呢？其實人與人之間的合作關係，就好比是朝著不同方向流竄的能量，當方向一致就能事半功倍地推動，方向抵觸則一事無成，共事合作的人數越多，合作關係越複雜，能量流竄的方向更要花費心力調整一致。

旁觀者效應表明，合作是一個問題，怎樣合作也是一個問題，要徹底解決大家把工作任務推來推去、成員之間工作負荷量分配不均等的共事問題，在執行工作任務時，我們要留意三個關鍵環節：

1. 明確的目標

工作目標是否明確，攸關著你與別人能否朝向一致的方向貢獻心力，也是避免工作心力用錯方向，老是做些對完成工作沒有幫助的事，因此執行工作任務之前，要確保大家都清楚工作目標，才不會變成多頭馬車，工作一團糟，或是造成人力資源的浪費。

2. 清楚的工作分配與權責劃分

共同執行工作任務時，每個人的工作分配以及清楚的權責劃分，可以讓所有人知道自己該負責哪些事，同時也能讓該做的事情都有專人負責。在某些狀況下，如果你沒有分配工作的主導權，只能聽從主導者的工作派令時，遇到對工作任務有疑問，不要悶著頭自己猜想，

最好能向主導者詢問清楚，比如你的工作職權範圍、執行過程中該向誰回報工作進度等等，一來這能讓工作任務順利進行，二來也能避免發生撈過界的越權行為。

3. 建立完善的溝通機制

　　一般在共事合作的過程中，會有一個「組織者」扮演統領眾人合作的角色，也會有接洽、銜接相關工作任務的「窗口」人員，而無論工作任務的規模大小、參與合作的人數多寡，對內、對外都建立完善的溝通機制，才能讓工作順利推動，並且及時排除可能的工作障礙。許多時候，工作障礙常肇因於對事情沒有共識、缺乏意見交流或是溝通不良，要是就此拒絕溝通或協商，大家自行其事，只會讓問題惡化，甚至延宕工作推展，因此不管是採用固定時間開會討論、電子郵件往返交流、書面報告等溝通方式，都應以有效交流、取得共識、合力推動工作為目標，避免工作夥伴之間因為溝通問題而影響工作。

學會下達指令的技巧，漂亮完成團隊工作

　　職場上的共事合作模式有很多種，而不管是單純的內部成員組成工作小組，或是跨部門、跨公司的團隊合作，想要激發出1+1>2的力量，各方的溝通、協調與統領都至關重要，身為主導者的人更要思考如何高效能地推動工作，諸如擬定工作決策、有效配置人力與可用資源、監督並控管工作進度，都是必須妥善規劃的部分。

當我們有機會帶領其他人共同執行一項工作，並且負責下達工作指令與任務分派時，往往率先迎接的挑戰就是工作溝通問題，而這常是能否預防旁觀者效應造成工作障礙的重要關鍵。換言之，主導者分派工作時，有時會發生你自覺工作任務都交代清楚了，對方執行起來卻完全不是那麼一回事，或是你每回都要自己追問工作進度，對方才會被動地回報，不過在埋怨別人難配合、做事不積極之前，我們必須先檢視自己下達工作指令的方式是否有瑕疵，是不是造成了團隊成員的工作困擾。

　　工作事務的溝通之所以發生很多謬誤，常是因為每個人對文字與語言的理解程度不同，有時口語交流也會發生同音不同義的狀況，好比計畫「終止」與計畫「中止」是不同意思，要是沒有詳加說明，聽者光從口頭上的表述未必能清楚分辨，很自然就造成了後續的工作問題。因此在確定工作方案，預備下達工作派令時，我們要注意確認「6W、3H、1R」這十項原則，才能使工作指令被確實執行。這十項原則即是指：

　　　1、What　　　何事？先傳達清楚你要交派對方做什麼事。

　　　2、When　　　何時？告知對方限定事情完成的期限。

　　　3、Who　　　何人？你要針對何人發佈、執行命令。

　　　4、Where　　何地？該在何地實行計畫。

　　　5、Why　　　為什麼？即制定計畫的理由、目的為何？

　　　6、Which　　何者？即是指制定策略的執行先後次序為何。

7、How	如何做？執行的方法與策略。
8、How many	多少數目？即指你掌握資源的數量，不可錯亂。
9、How much	多少數量？此處的數量指標是做此事的「力道」、「力度」要有多強？
10、Result	你設定所應達到的預期目標。

以上這十項原則雖然是嚴密的確認重點，但不一定要完全全盤照做，重要的是把這些重點牢牢記在心，依據實際的工作情況隨機應變，一旦按照上列方法確認並下達工作指示之後，接著就是要管理工作的執行進度與最終成果。

總結來說，與人合作共事時，想要減少爭吵、推卸責任、勞務不均的問題，並讓團隊工作運行順暢，就應提防旁觀者效應引起的連鎖破壞，而在工作事務上，除了多溝通、多協調、建立相互信賴關係之外，也應讓每個人明確認知工作目標，做到既能各司其職，又彼此配合，唯有如此，才能確實提高工作績效，發揮集體合作力量，獲取工作最佳成果。

旁觀者效應你可以這樣用！

① 參與團隊工作要善盡本分，也要拿捏做事尺度

　　參與團隊工作時，只要發生互推責任、工作過勞、逾越權責的狀況，往往就會使人心力交瘁，而在沒有工作分配主導權的情況下，如果想避免旁觀者效應的影響，我們應確認自己的職責所在、工作任務內容與團隊目標，並在善盡工作本分之餘，拿捏做事尺度，避免成為個人英雄主義的信徒，也不要成為凡事攬在自己身上的濫好人。

② 牢記領導團隊工作時要避免組織內耗

　　帶領團隊工作最忌諱成員之間的不和內耗，這不僅會降低組織的運轉效率，也會影響組織的正常效能，損害整體效益。因此管理者除了要妥善分配工作、預防旁觀者效應之外，也必須營造有志一同的團隊文化與良性合作氣氛，進而讓成員能從協調行動中提升工作效能。

3-6 小心破窗效應引爆你的工作災難

著名現代主義建築大師密斯‧凡德羅（Ludwig Mies van der Rohe）被問及成功的原因時，他回答說：「魔鬼就在細節裡。」時至今日，諸多知名企業與成功人士更是強調注重細節的重要性，甚至認為「細節決定成敗」，因為無論是企業經營或是職場工作，細節上的疏忽大意常會導致損害發生，唯有保持關注細節的心態，才能順利取得出色成果，避免不必要的失誤發生。

曾經有專家學者提出「事故法則」的說法，意即每起嚴重的安全事故背後，往往潛藏了二十九次的輕微事故、三百次的徵兆，以及一千起事故隱患，而這些警訊若能稍加留意，及早發現，就可預防、避免損害的發生。這個道理同樣適用於職場工作，平日被認為微不足道、每天都在重複執行的工作，一旦產生隨意應付的念頭，不僅會讓工作表現日漸不佳，對於微小過錯的輕忽怠慢，也將讓「破窗效應」的作用發酵，從而大幅提高工作失誤的機率，輕則影響個人工作，重則造成公司損失。

破窗效應（Broken Windows Theory）
輕忽小處而全面失控？不可掉以輕心

　　破窗理論最早起源自美國心理學家辛巴杜（Philip Zimbardo）的一次社會心理實驗；一九六九年時，他將兩輛外觀相同的汽車分別停放在兩個街區，其中一輛原封不動地停放在中產階級社區，而另一輛則摘掉車牌、打開頂棚，停放在相對雜亂的街區，結果停放在中產社區的汽車過了一週仍完好無損，但停放在另一個街區的汽車不到一天就被偷走了。後來，辛巴杜又把完好無損的汽車敲碎一塊玻璃，沒想到僅僅過了幾小時，這輛汽車就不見了。之後，美國犯罪學家威爾森（James Q. Wilson）和凱林（George L. Kelling）以這項實驗結果為基礎，更進一步提出了破窗效應。

　　破窗效應的主要意涵認為，大眾公認的行事準則，通常也會被個人所認可，因此當某個公認的行事準則遭到破壞，又沒有任何修正或補救的跡象，多數人的內心會認為這種破壞行為是被默許的，漸漸地，個人的行為模式將受到影響，從而導致更大規模的破壞。好比一棟建築物的窗戶玻璃被打破了，要是這扇窗戶未能及時維修，有些人可能會在「暗示許可」的心理下，打破更多的窗戶，或許採取其他的破壞行為，潛移默化之下，這棟建築物的週邊環境將開始淪陷，而毫無秩序、無人管理的外部觀感，以及大眾的視而不見，無疑助長了犯罪行為的發生。

破窗效應日後被廣泛引用到各種生活層面，以職場工作來說，我們所做的工作都是由一件件簡單的小事所構成，如果忽視任何細節或對小問題不當一回事，都可能引發想像不到的工作危機。這正如一個機器是由無數小螺絲所組成，想要確保機器正常運轉就得鎖好每顆小螺絲，假使少鎖了螺絲卻沒有補上，或是螺絲鬆動了卻未重新鎖緊，最後將導致機器故障，甚而釀成重大危害。在工作中要避免破窗理論的發酵，除了要確實做好每個工作環節外，一旦發現了錯誤，也要及時修正，採取補救措施，往往這能有效控管損害與風險，並且確保工作目標能順利完成。

工作出現小問題，你要做的是：立即解決它！

　　從破窗效應中我們能得到一個結論，任何不良現象的存在都傳遞著「暗示訊息」，這些訊息容易促使不良現象無限擴展，就算是看來偶發的、個別的、輕微的問題，只要置之不理、隨意處理或糾正不力，也將助長不良現象的增生，最終造成「千里之堤，潰於蟻穴」的惡果。

　　日本有家規模不大、但發展蒸蒸日上的工廠，由於規章制度賞罰分明，不偏私任何一人，加上老闆不會輕易開除員工，因此員工的歸屬感很強，每個人常常是不遺餘力地為工廠效力。某天，工廠正在趕貨，資深工人田中為了想在午休前完成三分之二的工作量，就把切割臺上的防護板拆下來放在一邊，以便讓收取加工零件的動作更方便、

更快。沒多久,工廠的部門主管巡查工作時,發現田中居然擅自拆掉了防護板,一氣之下,立即叫他重新裝好防護板,並且按照懲處規定讓他停工,因為這種做法不僅埋下了安全隱患,也是工廠明令禁止的行為,而其他本來也有意拆掉防護板的人,看到田中被主管嚴厲地責罵,也就打消了念頭。

隔天田中一上班,就被通知到老闆的辦公室報到。在老闆的辦公室裡,老闆語重心長地對田中說:「你已經是個資深員工了,應該比任何人都明白安全的重要性。你一天少完成了幾個零件,雖然會影響公司利潤,卻還能在第二天彌補回來,但你拆掉防護板工作,萬一要是發生了意外,甚至最後失去寶貴的性命,那是永遠無法彌補的啊!」因此田中對公司的處罰虛心接受,並無怨言,從此以後對安全問題再也不敢掉以輕心,還會提醒新進員工不要貪圖快速,忽視了安全問題。

這則故事告訴我們,破窗效應在職場上隨處可見,因此無論是執行工作或是管理組織,一旦發現問題,就要及時修好第一扇被打碎玻璃的窗戶,才不會引發連環效應,帶來無法彌補的損失。在日常工作中,我們對大問題與麻煩事總是特別警覺,處理起來也格外謹慎,但對於小過失與小細節卻常不以為意,不是輕輕放過,就是草率應付,然而弔詭的是,許多重大的工作失誤正是源自於對小問題的輕忽,這意味著要杜絕破窗效應發生作用,關鍵在於及時矯正和補救正在發生的問題,遏制情況演變到不可收拾,因此當工作出現小問題時,避免問題滾成大雪球的最佳做法只有一個:立即有效地解決它!

處理工作問題，切中要害才能徹底解決

日本有一家大型化妝品公司，經常遇到客戶投訴說購買的肥皂盒裡空無一物，為了預防生產線再次發生這樣的事情，工程師想盡辦法，花了很長時間和高昂的成本，發明了一台X光監視器，用來透視每一台出貨的肥皂盒。然而，同樣的問題也發生在另一家小公司，他們的解決方法是買一台強力工業用電風扇去吹每個肥皂盒，那些能被電風扇吹走的便是沒放肥皂的空盒。

這則案例說明了工作出狀況，明快果斷的有效處理能防範破窗效應發生，但是發現問題之後，如何以經濟有效的方式妥善解決問題更為重要。不少人處理工作問題時常是不得其法，總是在解決表面上的問題，卻忘了分析問題發生的根源，導致類似問題不斷重複出現，因此不管多麼專注於工作，也依然看不到半點成效，這就好像是不斷用報紙修補一扇破窗戶，企圖阻擋雨水侵襲那樣地毫無助益。

假使在工作中，你老是花費時間在處理類似的問題，就必須提高警覺自己是否掉進「無效解決」的困境裡，此時多從不同方向思考問題，探查出潛藏在背後的真相，才能幫助你徹底解決問題。我們可以從以下兩大方向去釐清問題根源：

1. 檢視工作流程找出盲點

問題盲點就是你容易疏忽而看不到的地方，特別是某些特定工作問題一再出現時，檢視工作流程才能找出盲點，好比客戶常抱怨貨品

不能如期到貨，檢視貨品從訂單確立、打包貨品、交付配送、貨品送出的相關流程，才能查探問題最可能出在哪個環節。許多時候，全面性地檢視工作流程，不僅能發現並防止問題，還能找到更具有效率的執行模式。

2. 檢視工作任務的交接點

　　工作任務的執行過程中，多半必須與許多人進行交涉，相互配合，從上司、跨部門人員、負責前後工作程序的同事、合作廠商窗口等等都屬於工作交接點，由於工作交接點常與工作資訊的交流回報有關，溝通是否達成共識、進度追蹤時間表是否確立都攸關工作進度，找出最容易「接觸不良」的交接點，設法調整方式，也許就能免除不必要的工作障礙。

　　總結來說，身處職場，即便職位再高、權責再大也會遭遇大大小小的工作問題，懂得及時矯正和補救正在發生的問題，防範破窗效應的發酵，才能有效控管損害，避免問題惡化，而解決問題時應找到癥結點，對症下藥，更重要的是，問題出現了，不要輕忽也不要驚慌，積極尋求解決方案，踏實處理，吸取教訓，有時將能把問題轉化為對個人發展有益的機會。

破窗效應你可以這樣用！

① 牢記工作無小事，問題出現時要主動思考並處理

在工作中關注細節、不斷改進工作方法，才能把工作完成得盡善盡美。遇到問題時，不要抱持僥倖心態輕率應付，也不要閃躲問題，畏懼處理，往往問題的出現是為你提供了改進的機會，把它們視為職場成功路上的踏腳石，從中不斷提高解決問題的能力，將能為自己的職業生涯累積雄厚的實力。

② 組織管理者要懂得防患未然，修正內部的不良問題

在組織管理過程中，管理者必須即時修好第一扇被打破的窗戶，以防範禍患萌芽，因此面對工作問題、內部不良現象時，適時「小題大作」的處理態度是絕對必要的，若對於問題時常抱持拖延心態，不僅浪費時間與資源，更容易危及組織發展。在某些狀況下，如果問題牽涉層面複雜，與其採取一次性的全面修正措施而導致內部反彈，不如劃分出階段性的做法，反而更能順利地逐步達成目標。

Let's test ! 測出你工作中的致命弱點！

想知道你在工作中有什麼致命弱點嗎？在公司中，以下哪一種人最惹你討厭呢？

Ⓐ. 不修邊幅　　**Ⓑ**. 口是心非　　**Ⓒ**. 不可一世　　**Ⓓ**. 不自量力　　**Ⓔ**. 攀龍附鳳

結果分析

選Ⓐ：你做事過分注重程序，總要求自己或下屬在每個細節上確實做到，不但容易令身邊的人大感壓力，處事時更欠缺彈性，結果往往要花很大的心力才能完成事情。建議你偶爾容許一些小過錯，出軌未必是壞事，事業想更上一層樓的話，就要學習靈活思考，放膽嘗試！

選Ⓑ：你不太懂得表達自己，總是說不清內心的理想與想法，有時被委屈地叫去做不合理的事情，也只會忍耐或默默去做，建議你有意見或計畫就要適時表達，不然上司或同事又怎會知道你的能力，你又怎麼可能好好發揮呢？

選Ⓒ：謙虛是你的長處，但也是缺點，所謂職場如戰場，過分謙虛會讓同事覺得你太虛偽，又令上司錯以為你沒有勇氣承擔，又怎會跟你好好合作或對你委以重任呢？建議你與人共事時，保持適當的謙虛，不亢不卑才是成功之道。

選Ⓓ：遇上陌生的工作時，你的反應是推辭，而遇上難題時，你又總是太輕易放棄；許多時候，有些事要多做嘗試才會成功，要是還沒採取行動就自行放棄，只會讓你錯失進步、提升能力的機會。建議你多多認識自己的能力，並由細微處開始嘗試。

選Ⓔ：你很清高並有些自傲，不屑借助他人的權力上位，甚至會跟有力人士劃清界限以便避嫌的想法，但其實這只會使你更難成功！建議你秉持「對事不對人」的處事態度，不要刻意疏遠有力人士，集中精神，專注做好事情就對了。

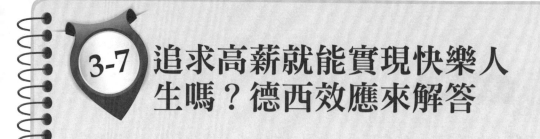

很多人選擇工作時首先關注的是月薪多寡、工時長短、福利待遇等問題，而在能力決定收入的前提下，為什麼有些人獲得了不錯的薪水待遇，或是晉升到高階職位之後，卻會感覺自己變成了賺取薪水的工作機器，不僅對工作提不起衝勁，也失去了以往的激情與動力，甚至還充滿挫折、焦慮、沮喪的情緒？

事實上，步入職場之後，隨著工作能力、職場資歷、個人歷練的增加，每個人漸漸會賦予「工作」不同意義，因此想從工作中獲得的東西也不再僅限於有形的金錢，這也意味著一份報酬不錯的工作，未必就能帶來完全的滿足感與快樂。也就是說，獎勵雖然可以達到意料之外的良好效果，如果紅利、獎金發得太多，並不一定能發揮出好的效果。如果公司對員工完成了應完成的任務、履行的義務……等本來就應該做到的基本行為，視為突出表現來進行獎勵，或者大張旗鼓地進行表揚，就可能出現負作用。畢竟「金錢不是萬能的」。對此，心理學家提出了「德西效應」進一步分析這種心理現象。

德西效應（Westerners Effect）
顛覆了高薪萬能的認知

　　德西效應源自於心理學家德西（Edward Deci）於一九七一年的心理實驗，在這個實驗中，每位受測者都要解答有趣的智力難題。實驗分為三個階段，第一階段，所有受測者不管解出多少題都沒有獎勵；第二階段，受測者被分為兩組，A組受測者完成一道難題就能獲得一美元的報酬，而B組受測者解題卻完全沒有報酬；第三階段，所有受測者有了短暫的休息時間，他們可以在原地自由活動，也可以繼續思考如何解題。

　　實驗小組發現，A組（受獎勵組）受測者在第二階段中因為一題一美元的獎勵而十分努力，可是到了第三階段會繼續解題的人數卻很少，這顯示出解題興趣與努力程度都減弱了，反觀B組（無獎勵組）受測者雖然從一開始就沒有獲得任何獎勵，卻有更多人在休息時間嘗試繼續解題，而且解題興趣與努力程度都在增強。心理學家認為，這個結果表明進行一項愉快的活動（即內感報酬），如果提供外部的物質獎勵（外加報酬），反而容易減少這項活動對參與者的吸引力；好比一個喜歡烹飪的人成為了餐廳廚師，一開始他會認為做自己喜歡的工作又能賺到錢，是一件雙重愉快的事情，但時間一久，就會產生負擔感，內心便感覺煮菜已經不再是令人高興的事，不過就是一份賺錢的工作。

為什麼人們的心理會產生這樣的變化呢？以往大家普遍認為，從事自己擅長的工作，能持續賺取金錢，又可以增強工作動力，但實際上，人們從事某種活動時，既有外在動機（如獎金、獎勵），也有內在動機（如成就感、滿足感），而一般狀況下多數人常因外部動機而工作，也就是為了賺取金錢過生活而上班，要是工作的成就感與滿足感無法獲得，或是一心把焦點放在金錢的累積上，往往就容易產生工作倦怠感，也難以體會到真正的愉快幸福感。

　　當然了，追求財富人生並不是過錯，德西效應也並非指出薪水待遇、金錢獎勵不重要，而是在把賺取高薪當成目標的同時，我們也應思索如何讓工作愉快、生活充實有意義，避免淪為金錢奴隸與工作機器。

職涯中必然會面對的關卡：我為了什麼而工作？

　　出社會後，每週到辦公室上班至少五天是多數人的生活模式，當你從一個職場菜鳥、基層員工，逐日成長為辦公室老鳥或中高階主管時，實際上除了薪資收入外，在其他方面也將有所收穫，例如決策能力、社交能力、領導管理能力的強化，以及生活品質穩定提升等等，換言之，你從工作中得到的是有形收入與無形收穫。理想狀態下，工作是一個學以致用的過程，也是一個自我發展、實現自我價值的機會，然而，多數人往往在不同階段會先遭遇到德西效應的考驗。

　　對於職場新鮮人來說，提升自我工作能力應作為首要目標，若

是把精力用在如何把工作做得更好時，升職加薪通常就接踵而來，不過有很多人熬不到這個階段，就開始以「枯燥乏味」來評價工作，初時的學習熱情也隨著工作熟悉度的增加而消退，甚至覺得薪水待遇尚可，但成就感低落，職場發展不上不下。至於晉升為職場老鳥的人，在享受工作成果一段時間後，即便工作狀況與薪資待遇都算穩定，也會出現消極怠工的狀況，無論是厭煩於職場的明爭暗鬥、工作內容的毫無新鮮感，或是有錢卻生活品質欠佳……等都會導致身心出現不適。

只要追根究底，我們不難發現關鍵點還是回到了最基本的問題：工作的意義是什麼？假使工作只是為了賺取金錢，以便支付房貸、車貸、教育基金的日常開銷，或是能過著出國旅遊、不為帳單煩惱的優渥生活，那麼擁有可觀財產的人為何還要投身工作？比如知名好萊塢導演史匹柏（Steven Allan Spielberg）的財產淨值估計為十億美元，就算不工作，也足夠讓他餘生享受優渥生活，但為什麼他仍要不停拍片呢？其實答案很簡單，他對導演工作充滿熱忱，認為這是一份有價值、有意義的工作，並且還為他帶來了使命感和成就感。

美國著名的企業家羅傑斯（Buck Rodgers）曾被列入全美十大傑出推銷員，他曾說：「我們不能把工作看做是為了五斗米折腰的事情，我們必須從工作中獲得更多的意義才行。」而這也正是德西效應帶給我們的省思，不要只把工作當成獲取財富報酬的途徑，從中開發潛能、施展才華、實現更高層次的自我價值，不僅能湧現積極態度與精神動力，從容面對職場發展中的各種境遇與起伏，也能合理安排自

我的工作、生活與人生目標。

發展的動力，來自不輕易消退的工作熱忱

美國《管理世界雜誌》曾經進行一項調查，他們分別採訪了兩組受訪者，第一組是高階主管，第二組是商學院畢業生，並詢問他們哪種特質最能幫助人們成功時，二組受訪者的共同回答是：熱忱！因為一個人縱使擁有專精的知識與技能，如果沒有工作熱忱，也很難持續創造優秀的工作成績，相反的，一個人即便專業知識與工作技能有限，但只要具備了工作熱忱，通常就會要求自我成長，工作表現也將不斷提升。

二十世紀最具革命性的俄國現代樂派作曲家史達拉汶斯基（Igor Stravinsky）某次接受訪問時，當主持人問他一生中最感到驕傲的時刻，是不是在新曲首度公演的時候？還是功成名就而掌聲四起時？他回答說：「我雖然坐在這裡接受採訪已經好幾個小時，可是卻一直不斷地為新曲中的一個音符絞盡腦汁。我在想到底是『1』還是『3』比較好？而當我最後終於找尋到那一個音符的剎那，便是我人生中最快樂、最驕傲的時刻。」

事實上，很多成功人士談到自己的成功祕訣時，都會像史達拉汶斯基一樣，在言談中展現他們對自身工作的熱忱與激情。對他們來說，工作除了帶來收入之外，也帶來了無窮的樂趣，並且驅使他們釋放自身的真正潛能，創造無限可能的人生風貌，而不論是運動員、藝

術家、科學家或商務人士，一旦對工作抱持熱忱，往往就會積極進取，遇到困難時也能勇於面對處理，因為工作不再單純地與收入有關，更重要的是它能實現個人的人生目標。

明智的職場人士應深刻牢記，在沒有達到自己的學歷、能力、精力所能達到的事業頂峰之前，不應只將工作定位成為了賺錢而已，僅僅把目光放在幾千元的加薪幅度、幾個月的年終獎勵，很容易就會讓德西效應發酵，而為了避免落入「不知為誰辛苦為誰忙」的工作窘境，適時檢視並調整自己的工作狀態，可以協助你在工作與生活中取得平衡，體現自己的人生價值。

四大面向的思考能幫助你破解德西效應

職場生涯發展有一個不變的事實是，職位的升遷、薪水的調升、生活品質的改善，以及個人成就感的滿足，都是建立在把自己的工作做得比別人更出色的基礎上，而當你對工作感到倦怠、失去動力與幹勁，甚至面對高額獎勵也興趣缺缺時，要是不著手找出原因，及時調整，往往就會讓德西效應的負面作用有可趁之機，如此一來，不但容易影響你的日常工作，連帶地也將造成身心的沈重壓力。此時，你可以從以下四大方向加以思考，進行自我檢視與調整。

1. 工作真的很枯燥嗎？重新思考你的工作價值

許多時候，人們在同一個工作崗位上待久了，容易對每天要處理

的日常工作感到厭倦與無感，而當你產生這樣的想法時，與其緊緊抱著負面情緒不放時，讓自己更加厭膩工作，不如聚焦在「工作內容」的思考上。你可以審視自己的工作能帶來何種貢獻與成就？它是否還有值得學習的部分未被發掘？如果有機會工作自主，你希望如何執行這份工作？往往透過重新檢視、思考自身工作的價值，能夠幫祝你以不同角度看待工作，提振精神，也可以讓你看清自己的職場發展計畫是否到了需要調整的階段。

2. 老是無法升官？權衡你的升遷機會

在同樣職位停留一段時期，有時意味著工作穩定，然而職位長期沒有調動，遲遲無法晉升，也會使人感覺工作沒有挑戰性卻又無法突破，進而陷入職場發展停滯的低潮期。你可以檢視職位沒有往上調動的原因，例如是工作表現其實不夠出色、人事沒有空缺，還是內部升遷管道不夠順暢、人事選拔機制有瑕疵？這有助於你從公司角度重新判斷局勢，並且評估自己的升遷機率有多少，又要補強哪些不足之處，從而擬定下一步的職場發展計畫。

3. 再次檢視你的職場生涯規劃

對個人工作發展不斷設定後續目標的人，才能保有追求前進的熱情與動力。如果你對自己的工作前景感到茫然，或是認為自己偏離了原先的職涯規劃，此時，請再次檢視你對自己的工作期許，這將能協助你釐清自己接下來該往哪裡走，以及職場生涯規劃是否該進行調整。假使思考過後，你有意爭取調職、轉換工作環境，甚至轉換跑

道，最好能循序漸進採取行動，同時確認當下自己應具備的工作條件有哪些，如此才能讓你在不偏離個人職場發展目標的情況下，穩健前進。

4. 為自己注入活水，保持成長狀態

接觸新工作、新任務時，好奇心與新鮮感常促使人們樂於嘗試很多事物，並且較易激發潛能，倘若當下的工作對你已經不具任何挑戰性，你可以試著主動爭取不同型態的工作項目，自我突破，或是參與在職進修、培養其他工作專長的課程，這除了能吸納新知、提振工作士氣外，也可以讓自己保持成長狀態，不會停留在原地踏步。當然了，你也可以安排軟性的活動課程調劑身心，抒解壓力，工作賺錢固然重要，但是若不懂得一張一弛的道理，生活也會失去原本的積極意義。

面對工作，我們需要以責任、創造和成就來完成自我實現，當然同時也有理由享受這種付出帶來的快樂，以休閒和享樂來調養身心，創造生活。工作是人生的一部分而非全部，財富是維繫生活的手段而非目的，一旦成為工作機器與金錢奴隸都不會讓人過得快樂；在工作時聚精會神、認真以赴，也別忘了閒暇之餘適度放鬆身心，經營生活，唯有讓自己合理安排生活，求取工作與生活的平衡狀態，才能真正成為人生的成功贏家。

德西效應你可以這樣用！

① 隨時檢視自我的職場生涯規劃，賦予工作更深層的意涵：

從事自己所愛的工作，促使人們能對工作懷抱著熱情和喜愛，全力以赴，但如果陷入職場發展低潮期或工作倦怠時期，重新審視、檢視你賦予工作何種意義，並且釐清你希望從工作中實現哪些更高層次的自我價值，將有益於職場規劃的妥善安排。

② 管理階層應善用心理激勵與實質獎勵，提升組織效能：

提供高額獎金、建立獎勵制度的目的，經常是為了激勵部屬有更出色的工作表現，但以外部報酬作為激勵手段的同時，也應注意部屬的成就感、自我價值實現等心理需求，否則光以獎金作為工作誘因，很可能造成整體工作表現下滑，反而弄巧成拙。

Let's test！ 測一測工作中你在意的是什麼？

在愛情的蠱惑之下，美人魚犧牲了發聲的權利，羅蜜歐和茱麗葉則付出了生命。也是愛情信徒的你，為了嚐到戀愛的美妙滋味，你會願意付出的最高代價，會是以下哪一種？

A. 貧困度日

B. 減少壽命

C. 眾叛親離

D. 智商變低

結果分析

★選A貧困度日

你最在意的是福利制度和相關權益，如薪資、配股或分紅制度，都是基本的需求，萬萬不能比別人少，彈性上班或休假等規定，也是你非常在意的，因為在你的想法當中，上班只是謀生的手段，一旦這些原有福利縮水或不見，就是老闆和你過不去，你就會失去工作動力，感染上工作倦怠症，完全提不起勁來。

★選B減少壽命

你希望人生時時充滿驚喜，你也期許自己能像一朵散發生命力的鮮花，而不是變成一朵日漸乾枯的乾燥花。工作上當然也是如此，待遇或職位都不是你最重視的事情，你想要從公事中，得到自由發揮的主控權，考驗自我的實力和耐力，如果不能得到舞臺，或是你不再是眾所矚目的主角，這將是你所不能忍受的，你自然會想要另謀發展，另尋可以讓你燃起新火花的舞台。

★選C眾叛親離

你是沒有安全感的人，也許是童年失歡，或是曾遭遇不好的生活經驗，讓你失卻了安全感，所以如果你現在的工作，不能滿足你的需求，或是讓你覺得不牢靠，隨時有倒閉，或遣散走人的可能，像從事泡沫化的網路業，你更會時時刻刻擔心自己成為失業一族，工作心情可就大受影響，一點點風吹草動，就會讓你胡思亂想，根本無法專心工作呢。

★選D智商變低

在工作中，你可以做牛做馬，將你滿腔熱情，投注在辦公室中，但是這種三更燈火五更雞的鬥志，需要持續得到上司的鼓舞和賞識，要是讓你覺得遇不上伯樂，或是伯樂已經逐漸疏遠你時，你就會有倦勤的念頭，無法再像從前一樣打拚賣命，因為沒有伯樂關愛眼神籠罩的你，奮鬥的原動力也就日漸熄滅，讓你的工作能量沒電啦。

4

想要事半功倍？
善用超效能工作定律就對了

The principles of life you must know

in your twenties.

「勤勞不一定有好報，關鍵是要學會聰明工作。」美國時間管理之父
雷肯（Alan Lakein）的中肯名言，讓不少職場人士心有戚戚焉。在追
求卓越、效率至上的職場中，脫穎而出不能只靠埋頭苦幹，學會善用
超效能工作定律，為自己建立聰明便捷的工作秩序，才能讓工作完成
得又快又好又正確！

4-1 運用奧卡姆剃刀定律，告別工作瞎忙的日子

「人世間最痛苦的事情，莫過於上班；比上班痛苦的，莫過於天天上班；比天天上班痛苦的，莫過於加班；比加班痛苦的，莫過於天天加班；比天天加班痛苦的，莫過於天天免費加班！」這段話雖然道出不少職場人的無奈心情，然而在抱怨辛苦加班、爆肝工作的同時，我們也必須反向思考為什麼每天都有忙不完的工作？又是什麼原因導致自己要常常加班？

許多時候，無休止的「低效忙碌」讓很多人的付出與收穫嚴重不成正比，身心也備受摧殘。有些人更覺得自己再怎樣努力也不會有出色表現，就算沒日沒夜的忙碌還是事業無成，而看到那些輕輕鬆鬆就完成工作的人，內心自然很不平衡，為什麼做同樣的工作，付出比別人雙倍甚至多倍的努力，卻無法換來令人滿意的工作成果？

事實上，面對繁多的工作事務時，光有衝勁是不夠的，唯有學會運用「奧卡姆剃刀定律」的簡單有效原則，清楚掌握工作目標，剔除無用的忙碌之舉，才能化繁為簡，事半功倍，從而讓工作付出獲得最好的回報。

善用奧卡姆剃刀定律（Occam's Razor）
實現工作精簡化的目標

十四世紀時，出生於英國奧卡姆的邏輯學家威廉（William of Occam）提出一句格言：「如無必要，勿增實體。」他對當時關於「共相」、「本質」的哲學紛爭感到厭倦，主張唯名論，意即只承認確實存在的東西，並且認為那些空洞無物的普遍性概念都是無用的累贅，應當被無情地「剃除」，這就是後人常說的奧卡姆剃刀定律。

根據奧卡姆剃刀定律的原則，對於任何事物的準確解釋，通常是那種最簡單的陳述，而不是最複雜的說法，往往運用「簡化思維」去解決複雜的問題，才是最有效、最快捷的方法。這就像音響沒有聲音了，我們總是會先查看是不是電源沒有接好，而不會馬上拆開音響檢查是不是哪個零件壞了一樣。

奧卡姆剃刀定律在歐洲曾使科學、哲學從神學中分離出來，引發了歐洲的文藝復興和宗教改革，儘管一度被視為異端邪說，但在歷經數百年的時間淬鍊後，它的深刻意義早已超越了原來的領域，更被援引至管理學、經濟學乃至日常生活的層面之中。

以職場工作而言，奧卡姆剃刀定律提供了一條效率捷徑，意即保持事情的簡單性，抓住關鍵點，解決實質問題，不需要把事情複雜化，如此才能更快、更有效率地將事情處理好。這也意味著處理工作時，必須直指問題的核心，別把心力與時間浪費在沒有效益的行動

上，如果事情能用五個步驟就妥當解決，多餘的步驟未必有益，反而還容易為自己製造無謂的困擾。

✎ 以簡化思維讓複雜問題用直接、簡單的方法解決

奧卡姆剃刀定律要求我們在處理事情時，要把握事情的核心關鍵，解決最根本的問題，尤其不要把事情人為地複雜化，才能將事情處理得又快又好。不管在職場工作上面臨何種問題，或是正在努力實現什麼目標，與其埋頭苦幹，不如動腦思考有哪些簡單又直接的方法，可以幫助我們解決問題或實現目標？

複雜的事情往往可以從最簡單的途徑得以解決，正如英國物理學家胡克比牛頓更早提出引力說，但是他的引力概念是無法證明又龐雜得「多」，而牛頓則把一切盡量簡化，只留下了「一顆蘋果掉在地上」如此簡單的事實，並以此作為科學推動的初始點，繼而發現了萬有引力定律。繼牛頓之後，越來越多人沿著奧卡姆剃刀定律的思維之路前進，例如愛因斯坦也以最單純的演繹法建立起新的科學體系，而他們的共同特點就是將複雜事物剃除到剩下最簡單的核心，然後再著手解決問題。

在執行工作與完成工作目標的過程中，我們必須隨時留心能夠減少步驟的方法，對於相對複雜的部分要保持敏銳感，因為它們潛藏的時間成本、失誤次數可能比想像中來得驚人，如果能剃除不必要、沒有幫助的部分，讓工作流程簡化卻步步切中核心，就能以高效率、低

成本的方式完成工作，如此一來，縱使工作事務再繁多，也能在有限的時間內妥善處理。

動腦思考工作的關鍵點是解決問題的第一步

有個寓言故事是這麼說的，某天動物園的袋鼠從籠子裡跑出來了，管理員們發現後馬上開會討論，大家一致認為籠子的高度過低，所以決定將籠子的高度由原來的十公尺加高到二十公尺，然而第二天他們發現袋鼠還是跑到籠子外，只好再把籠子高度加高到三十公尺。出乎意料的是，隔天管理員們居然發現袋鼠全都跑到籠子外面了，大為緊張之餘，乾脆一口氣將籠子高度加高到一百公尺，長頸鹿見狀，就和幾隻袋鼠閒聊說：「依你們看，這些人會不會再繼續加高你們的籠子？」袋鼠笑笑地說：「很難說啊，如果他們再繼續忘記關門的話！」

這個寓言故事雖然詼諧引人芫爾，卻說明了做事不得要領可能導致的後果，而實際處理工作時，很多人都怕遇到搞不清楚狀況的「職場天兵」，好比遇到問題無法掌握到癥結點，常把不是問題的部分當作解決事情的重大關鍵，結果總是把事情越弄越糟糕，還白白浪費寶貴的時間。

請看看以下這則故事，靜心思考，或許你將會發現在日常工作中，自己也常犯下無事瞎忙、難以掌握處理要點的弊病。

美國華盛頓哥倫比亞特區（Washington, D.C.）著名的傑佛遜紀念堂（Jefferson Memorial Hall）因為年深日久，牆面出現裂紋，而為了保護這幢深具意義的建築物，相關單位的專家聚集起來一起磋商修復計畫。最初大家認為酸雨是損害建築物表面的元兇，但進一步研究後卻發現，每天沖洗牆壁所含的清潔劑反而是最直接的酸蝕元兇，

問題是為什麼要每天沖洗牆面？主要是因為牆壁上每天都會有大量的鳥糞。這些鳥糞來自聚集於紀念堂的燕子群，由於牆上有大量蜘蛛可供食用，燕子群幾乎每天都來報到，可是牆上怎麼會有大量蜘蛛呢？原來這些蜘蛛喜歡吃聚集在牆面上的飛蟲，加上敞開的窗戶陽光充足、塵埃又多，相當適合飛蟲繁殖，於是無形中牆體就造就了大自然中的食物鏈。經過討論後，要徹底避免紀念堂牆面出現裂紋的解決方法，原來簡單得驚人，就是盡可能拉上窗簾，不讓飛蟲超常繁殖，才是斧底抽薪之道，至於專家們先前設計的一套套複雜詳盡的維護方案，也就毫無用武之地了。

這個故事帶給我們的啟示是，解決問題的時候要掌握關鍵所在。在著手從事一件工作時，要先動腦想想事情的關鍵點是什麼，而不是貪圖快速急忙動手，以致於白白忙碌了半天，依然解決不了任何問

題。對於同一件事情，有的人能在很短的時間內完成，有的人卻做白工，其中最主要的因素就是思考方式的不同，學會將問題本質化，抓住事情的關鍵，運用奧卡姆剃刀定律剃除與本質無關的工作，我們才有可能以效率與效能兼顧的方式解決問題，大幅提升工作績效。

把工作變簡單的訣竅：善用剃刀修整問題！

人們最常見的工作習慣是，一看見重要的事情便傾向用複雜的方法去解決，結果事情越做越複雜，最後變得既棘手又難以處理。事實上，面對紛繁工作與複雜問題時，應該秉持簡單思維，以簡馭繁，化繁為簡，才能避免陷入繁中添亂、漫無頭緒的窘境，換言之，有效工作的奧祕在於奉行奧卡姆剃刀定律，把事情整理得越簡單越好，學會抓住問題的關鍵所在，免除不要的枝節，就能輕鬆地解決問題。以下是有助於你利用剃刀修整工作計畫的三大要點：

1. 避免複雜化，確認最終目標

處理工作時，有時我們容易專注在枝微末節或是困難點上，一路被複雜的思考牽著走，反而把最終的工作目標放到一旁，因此動手工作前要先確認工作的最終目標是什麼，同時提醒自己接下來要採取的每個步驟都要能朝向目標邁進，不要偏離了軌道，更不要繞遠路。

2. 保留必要的，刪除不必要的

執行任何工作任務時，請先弄清楚「我需要做些什麼」、分辨輕重緩急、找出事情核心，將能幫助我們妥善管理時間、有效配置資源，同時避免把心力浪費在不必要的步驟上，因此對於那些沒有必要、對事情沒助益的步驟、工作都應省去，只保留那些你非做不可的事情。

3. 經濟效益的評估

每項工作都會有它的完成期限，唯有把時間和精力用來執行能有效完成目標的事情才符合經濟效益，這意味著從你非做不可的事情中，應該想想看是不是有哪些部分或環節能合併處理，或者可以用更加簡化的有效方式執行。

身處職場，我們都必須認清一個事實，無論問題有多複雜或工作多棘手，只要掌握處理訣竅，很多事情都可以用更簡單的方法去解決，正如奧卡姆剃刀定律帶給我們的啟示，解決事情的關鍵就在於運用簡化思維，準確找到並把握事物的核心本質，去偽存真，把複雜的工作簡單化，就能高效地加以解決，最重要的是，千萬不要把事情複雜化，繁冗、拖泥帶水只會讓我們多走彎路，許多狀況下，運用簡化思維解決複雜的問題，才是最有效、最快捷的方法，也是高效能完成工作的必勝法寶！

奧卡姆剃刀定律你可以這樣用！

① 處理工作要把握Key Point，複雜工作更要簡單化

工作陷入忙亂，常是因為時間配置與處理方式不當，此時就提醒自己要拿起奧卡姆剃刀來修整工作計畫，掌握問題的關鍵，剔除無用資訊與無謂動作，策劃正確又有效益的行動，讓工作流程簡化卻步步切中核心，就能以高效率、低成本的方式完成工作。

② 提升組織效能，把握簡潔高效原則

無情剔除組織中的各式累贅，才有可能實現簡單化管理的目標，無論是簡化組織層級的架構、減少不必要的管理流程、保留具備核心競爭能力的業務，或是管理者在制定決策時把複雜事情簡單化，都能避免各項資源的浪費，從而帶動公司、組織、團隊的高效發展，並讓企業保持正確、靈活的成長方向。

 面對問題時，你夠果決嗎？

Q1. 曾經到了晚上，才發覺自己不小心遺留了東西在公司而再折反回去拿。

是 → Q3

否 → Q2

Q2. 即使身處陌生的地方，也從未有過迷路的經驗。

是 → Q4

否 → Q5

Q3. 到餐廳用餐時時經常不知道該點什麼才好。

是 → Q6

否 → Q5

Q4. 要是自己的學校或公司有什麼神秘事件或八卦的話，一定會想辦法去了解。

是 → Q7

否 → Q8

Q5. 基本上而言覺得自己很愛撒嬌。

是 → Q9

否 → Q8

Q6. 曾經因為聽了恐怖故事，而害怕得睡不著覺。

是 → Q10

否 → Q9

Q7. 在考試的各種題目類型中，最擅長答選擇題。

是 → D型

否 → C型

Q8. 幾乎在任何場合都習慣憑直覺來採取行動。

是 → B型

否 → D型

Q9. 學生時代，在學校做任何事必定與死黨一起行動。

是 → A型

否 → C型

Q10. 喜歡玩樂透彩等賭博遊戲，而且經常會中獎。

是 → B型

否 → A型

★A型：慌了手腳，腦筋一片空白

就命運決斷力而言，你是屬於能力很差的類型。換言之越是面臨決斷之際，你就越會變得手足無措，不知如何是好。因為你並不擅長判斷事物，所以一旦碰到要做出決定等重大場面時，腦中常會變得一片空白，因而無法冷靜地採取行動。甚至有時就連自己的事情也會交由他人為你代為決定。

★B型：意氣風發地掌控一切

比起一般人來說你的果決力算是相當高，因此面臨攸關自己命運前途的重大選擇時刻，不僅不會因此感到恐慌，反而會將此種狀況視為一種賭注，在第一時間迅速地下注。此外，你也擁有過人的膽識及判斷力，所以總是能意氣風發地掌控一切狀況。

★C型：關鍵時刻會無法下決定

整體而言，你的命運決斷力稍低！然而除此之外的決斷力都仍維持中等以上的水準。亦即是雖然平常的你會表現得自信滿滿，不過一旦要為自己的命運作出選擇時，可能就會變得非常膽怯，因為腦中常會浮現出「要是失敗的話該如何？」的想法，而讓自己無法迅速下判斷。

★D型：擁有卓越傲人的決斷力

你的命運決斷力可說是屬於最高級。再加上你凡事都很看得開的個性，所以不管任何時刻，應該都擁有正確的眼光能做出最好的選擇。所以不僅面臨像命運決斷力這樣重大場合，就連一般狀況也都能下正確的判斷。因而朋友大多數都會信賴你，願意將心中的苦惱對你傾訴。

4-2 打破墨菲定律的魔咒，別讓工作衰神找上你

日常工作中，不少人都會遇到一種狀況，原先自認為是萬無一失的工作，居然在緊要關頭因為小細節而出了差錯，或是平日用不到的文件一直被擱置在旁，臨時要取用時卻怎麼翻找都不見蹤影，又或者是心裡正想著要移開辦公桌上的水杯，下一秒就有人打翻，而被弄濕的文件竟又剛好是最重要的資料。類似這種平常都沒事但緊要關頭卻障礙連連的狀況，常讓人直呼倒楣、運氣不好，不過實際上這並不是難以解釋的神祕事件，而是「墨菲定律」引發的現象。

　　墨菲定律提醒人們容易犯錯是人類常見的弱點，就算機率再小的工作失誤仍有可能發生，身為職場人士，即便工作再細心、思慮再縝密，也沒有人能保證自己永遠不出錯，重要的是工作出現失誤後，我們應當有效處理，並且避免重蹈覆轍，而平日處理工作時更不能抱持僥倖心理，必須妥善擬定工作計畫，為可能發生的狀況做好預防準備，從而順利完成每一次的工作任務。

墨菲定律（Murphy's Law）
養成未雨綢繆的好習慣！

　　墨菲定律也稱莫非定律、莫非定理，最早起源於美國工程師墨菲（Edward A. Murphy）的工作感想。一九四九年，墨菲在美國空軍基地擔任研發工程師，專門研究人類對加速度承受的能力，他發現在模擬實驗時，就算清楚要求同仁按照步驟固定好加速計，還是有人連續裝錯四十七個加速計，結果導致機器失靈發生事故，於是他不經意地脫口說出：「如果做某項工作有多種方法，而其中有一種方法將導致事故，那麼一定有人會按這種方法去做。」

　　墨菲的這段話隨後在航太工程研究者之間傳開了，同時出現越來越多的版本詮釋，例如：「如果壞事有可能發生，不管這種可能性有多麼小，它總是會發生，而且還會引起最大可能的損失。」隨著時間推移，人們開始稱此為墨菲定律，並且不斷擴充它的原始意涵，而最常見的說法就是：「凡事只要有可能出錯，那就一定會出錯！」

　　在日常生活中，人們將很多事情都歸結為墨菲定律的作用，比如只塗了一面果醬的吐司麵包，如果不慎掉在地毯上，那麼塗滿果醬的那一面一定會朝下掉落，直接毀掉你的地毯，又或者你在路邊要攔計程車趕赴下一個行程，但所有的計程車不是已經載客就是不搭理你，而平時不需要叫車時，卻只要隨手一揮就有計程車停在你面前。以往

這類生活現象都被視為是墨菲定律的驗證，然而管理學界則注意到其中隱藏的積極意義，意即如果事情可能發生問題或危機，千萬不要賭上運氣，寧可事前對未來可能發生的風險或損害做好準備，一旦問題真正發生了，就能快速採取應變計畫，而不至於手忙腳亂。

別對工作心存僥倖，避免墨菲效應有機可乘

根據墨菲定律我們至少能得到以下結論：一是任何事都不是表面上看起來那麼簡單；二是會出錯的事總會出錯；三是如果你擔心某種情況發生，那麼它就更有可能發生。身處競爭激烈的現代職場，只要有心追求傑出的工作成就，便會對每回的工作任務力求表現，然而工作狀況百百種，墨菲定律的效應也隨處可見，我們想要讓工作完全不出錯並不容易，因為即便在個人能力範圍內做得面面俱到，無法掌控的外部因素也常使人遭遇到工作問題。這意味著執行工作任務時，杜絕僥倖心理，樹立危機意識，在事前盡可能設想周全，採取多種保險措施，才能避免不幸發生的失誤引發工作災難。

綜觀發生工作失誤的原因，有大多數源自於「機率這麼小的事不會發生在我身上」的僥倖心理，而事實上僥倖心理是一種自欺欺人的不健康心理，心存僥倖者會把出於偶然原因而免去災難的事實，當作是具有普遍性的事情，忽略了災難本質上並沒有選擇性，任何人都有可能遭遇到意外變故。許多時候，由於某些工作問題發生的機率很小，導致人們常誤認為這一次也不會發生，進而放鬆戒備，結果反倒

加大了問題發生的可能性，更糟糕的是，在毫無戒備的情況下，人們容易對工作問題感到措手不及，如果又無法立即發揮應變力，就只能錯失寶貴的處理時機。

舉例來說，某家公司老闆臨時應邀參加一個國際性的海外商務會議，並且要當眾發表英文演說，不過這位老闆的英文程度相當有限，包含演講稿的內容、出席會議的重要事項，都必須由部屬從旁協助。在這位老闆預備出國搭機的當天早上，秘書詢問負責撰寫演講稿的主管說：「老闆的演講稿你寫好了嗎？」對方老實回答說：「我昨晚只寫了一半。這個會議實在太臨時了，要準備的東西又多，我想老闆也不可能在飛機上就要看講稿，所以等他上飛機後，我還有時間完成剩下的部分，到時再發信傳過去，這樣應該就沒問題了。」

沒多久後，老闆一到辦公室，第一件事就問這位主管：「你負責準備的那份演講稿和資料呢？」這位主管按自己的想法回答了老闆，但他沒想到事情有了意外發展，老闆臉色大變地說：「怎麼會這樣！這次我難得想利用在飛機上的時間，好好跟同行的外籍顧問研究一下自己的報告和資料，這下不就白白浪費坐飛機的時間了！」

類似這個案例的狀況在現實職場中並不少見，也說明了工作時心存僥倖容易自食苦果，但是我們又該如何避免這類情況的發生，以確保工作能零失誤地順利完成呢？從墨菲定律的啟示中，我們可以從以下兩點著手：

1. 事前做好周嚴計畫與應變方案

執行工作時，應設想過程中可能發生的問題、情況或發展趨勢，就算是發生機率偏低的問題也應一併考慮，與此同時，也應準備好應急措施與對策，尤其對於能造成重大事故的事情要建立預警機制，往往工作計畫制訂得越周密，越能有效掌控工作流程，並且減少不必要的干擾。

2. 因應實際狀況，調整應變方案

有時不管事前擬定了多少應變方案，我們仍有可能遭遇到始料未及的問題，此時應保持冷靜，根據實際情況適時調整應變對策，必要時，請求上司或同事給予協助，千萬別因擔心被指責而隱瞞問題，導致問題日漸惡化；此外，參與團隊工作時，當我們擬定好工作的應變方案後，必須將應變方案的相關事宜告知有關人員，以便工作狀況發生可以相互支援與配合。

在日常工作中，我們應牢記墨菲定律的明確提醒，不要因為事件發生的機率很小就掉以輕心，隨時保有危機意識才是萬全上策，而對於可能發生的問題也應未雨綢繆，做好預防準備與應變措施，如此一來，即便突發狀況來臨，也能迅速因應，妥善處理。

 吸取教訓，工作失誤也可以是成功的墊腳石

面對工作上的成功與失敗，大多數的人容易對失敗耿耿於懷，但

是每當出現工作失誤時，如果我們的反應總是「真倒楣，工作又出包了」、「我真沒用，這點小事也做不好」，久而久之，就會陷入自我否定、怨天尤人的負面情緒裡，連帶地也讓工作表現與個人身心受到嚴重影響。不可諱言的，每個人從步入職場的第一天開始，都希望自己能有優異的工作表現，然而在追求表現的同時，我們也必須學會正面看待失敗，有智慧地面對失誤，與其對自己犯下的過錯懊悔不已，不如從中汲取教訓，幫助自我快速成長。

正如墨菲定律認為，事情如果有變壞的可能，不管這種可能性有多小，它總會發生，但若逆向思考，如果事情有變好的可能，不管這種可能性有多小，它也總會發生。職場生涯的成敗道路不也正是如此嗎？現實職場中，有些人會因為產品銷售失敗而抱怨產品、抱怨公司、抱怨顧客，但也有人因此越挫越勇，反而構思出大受歡迎的銷售方式；有人會因為受不了上司嚴厲指責自己的過失而萌生辭職念頭，但也有人會抱持「嚴師出高徒」的想法，努力提升自己的工作能力，最終得以勝任更具挑戰性的工作而步步高升。由此可見，對工作成敗是抱持積極或消極的看法，將能左右一個人的職場發展，而往往我們從失敗中學到的教訓，遠比從成功經驗中學到的東西要多得多。

在很多情況下，當人們的工作出錯時，腦子裡容易浮現隱瞞錯誤的想法，害怕承認錯誤之後會很沒面子，或是遭到嚴厲處分，然而及時坦承錯誤，問題越容易得到改正和補救，而且由自己主動認錯將比被人提出批評再認錯更能得到諒解，更何況從錯誤中汲取教訓再步步走向成功的例子比比皆是，因此面對工作中的失敗與過失時，應當抱

持勇於承擔責任、積極改正缺失的態度，並且從中學習，補強不足之處，從而快速自我提升。

　　職場起伏、工作成敗在所難免，想要提升工作效能，有效避免墨菲定律發生作用，除了要擬定周密的執行計畫與應變方案外，面對工作失誤也應記取教訓，增長處事智慧，唯有持續追求更好的工作方式，不斷學習成長，才能踏實鋪設屬於自己的成功大道。

墨菲定律你可以這樣用！

① 提醒自我落實每項工作環節，勿存僥倖敷衍心理

　　無論身居何種職位，如果想做好工作，減少失誤，就要杜絕僥倖敷衍心理，不因為對工作流程十分熟悉就敷衍了事，也不因為某些問題的發生機率很小而怠慢輕忽，最重要的是，執行工作任務時，在事前盡可能設想周全，同時制訂應變方案，以免問題真的發生時手忙腳亂；此外，檢視每回的工作成果，不斷尋求更好的工作方式，不僅能強化自己發現問題、解決問題的能力，也能培養策劃工作事務的能力。

② 管理者要客觀審視工作決策，並對可能風險保持高度警覺

　　英明的管理者在問題可能發生之前，採取有效的預防、控管措施，可以有效防範問題出現，而一旦問題出現了，首先要做的是立刻著手改正問題，避免問題擴大惡化；這意味著管理者要時時保持高度的危機感與警覺性，面對工作挑戰時，不應只看好不看壞，或是抱著碰運氣的心態，讓自己陷入決策錯誤的窘境，唯有客觀審視自己提出的策略，擬定危機管理計畫，做好風險規避，才能提高計畫的成功機率。

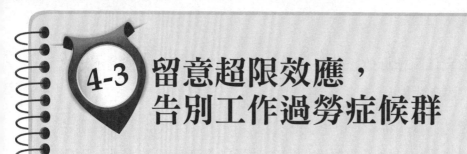

4-3 留意超限效應，告別工作過勞症候群

職場有種說法：「急事總是找到繁忙的人。」事實上，繁忙的人多半能很快判斷哪些是該做的事，哪些是重要的事，並且在短時間內把事情處理妥當，進而全神貫注在需要花費心力的工作上，有效率地完成所有工作。

無論你是一般員工還是管理階層，管理時間都是相當重要且必須要養成的工作習慣，若能以最少的時間，取得最大的工作成果，不僅可以提升工作效能，也能更加妥善地利用其他時間。

然而，我們畢竟不是工作機器，長時間工作下來容易使人精神疲倦、注意力下降、身心壓力沈重，因此想要兼顧工作品質與效率，除了必須做好工作日程規劃、有效管理時間之外，也應該讓工作節奏像是橡皮筋一樣，時而拉緊，時而放鬆，才能避免「超限效應」所帶來的副作用。

超限效應（Transfinite Effecft）
在職場中，要懂得勞逸均衡

在心理學中，超限效應是指同一刺激對人的作用時間過長、強度過大、頻率太高，會使神經細胞處於抑制狀態，導致人的內心產生極度不耐煩、不愉快的心理反應。

據說，超限效應來自於美國著名作家馬克·吐溫（Mark Twain）的一則小故事；有一次他到教堂聽牧師演講，最初他被牧師的演講深深打動，有意掏錢捐助一筆善款，可是過了十分鐘，牧師還沒有講完，讓他開始有些不耐煩，轉而想想還是捐一些零錢就好。不料又過了十分鐘，牧師仍在嘮嘮叨叨，就在牧師終於結束冗長的演講，開始進行現場募款時，馬克·吐溫因為太氣憤了，不僅沒有捐錢，還從盤子裡拿走了兩塊錢。

心理學家認為，人的心理都有承受的限度，心理學上將這種限度稱為閾限（threshold），當某種刺激過多、過強，超出一個人所能承受的最低閾限時，就會造成心理疲憊，形成沮喪、懊悔等負面情緒，此時人們為了保護自己便會如彈簧般把壓力反彈回去，從而產生超限效應，表現出不耐煩甚至反抗的行為。比如當你做錯一件事，別人因此指責你時，一次、兩次，甚至三次、四次的批評都會使你感到內疚不安，但是隨著次數的繼續增加，不悅、不耐、氣怒的情緒將逐漸萌生，到最後就出現了激烈的反抗心理和行為。這是因為一個人受到批

評時，總是需要一段時間才能恢復平衡心理，在第一次遭到批評時，厭煩感並不會太大，但是當批評的次數累加，內心的反彈很可能是以幾何級數增強，漸漸地便演變成反抗心理。

　　超限效應在生活中十分常見，並且也經常發生在工作職場上。我們執行工作任務時，投入其中的心力與時間都有承受限度，專注力與耐力會隨著時間拉長而降低，要是沒有適時放鬆、稍作休息的話，一旦疲倦感與身心壓力的負荷超載，就將導致各種工作過勞的問題出現，甚至還會嚴重影響身心健康。因此，健全的高效率工作模式並非是一直埋頭苦幹，往往在工作中適時安排休息時間，讓身心都喘口氣再繼續工作，反而有助於維持工作的高效能。

追求高效工作的同時，謹慎提防「超限效應」的反作用力

　　大多數上班族都曾遇過以下的情況，有些人在會議中發言時會說：「對於這個問題，我有三點要講。」這時多數人會認真聆聽，說不定還會隨手記錄對方的發言，但如果對方接著說要再補充三點，然後一路滔滔不絕，恐怕就讓人失去聆聽下去的興趣，甚至會昏昏欲睡，而之所以出現這些現象，正是因為超限效應發生作用，也就是所謂「物極必反」的道理。

　　當人們接受工作任務、大量資訊、外在刺激時，經常都存在一個主觀的限度，只要超過這個限度，人們會產生防禦心理、採取對抗行

為，以免身心的負荷超載，要是勉強自己繼續忍耐，只是進一步加重壓力，並且讓人更快地面臨身心緊繃、壓力瀕臨極限的處境，如此一來，原先想要完成的事情自然也無法順利推動。

從物理學的角度來看，一定事物所保持的自我質量限度，也可稱為關節點或臨界點，如果超出了這個範圍，事物的性質就會發生變化，例如水的沸點是攝氏一百度，凝固點是攝氏零度，從零度到一百度是水的溫度範圍，超出這個範圍，水不是變成蒸汽就是變成冰。職場工作也是如此，每個人每天能夠付出的精力和時間都有一個限度，過度工作、超出負荷不但危害自己的身心健康，工作表現也未必能發揮應有水準。也就是說，我們必須學會調節工作節奏，適度安排工作計畫，才能有效降低超限效應的發生機率。

還想扮演拚命三郎的上班族角色？

儘管在工作時段內高效完成工作是每位上班族的理想，不過很多人常覺得自己的工作忙得不可開交，每天要處理的事情一大堆，想要偷空休息或是準時下班幾乎是不可能的任務，但如果認真檢視上班時間內的工作內容，就會發現許多時間沒有妥善獲得利用，結果精疲力竭卻事倍功半。時間管理是現代人必備的工作技能，也是提高工作效率、避免超限效應最有效的武器；我們工作是否有效率、是否具有滿足感，往往取決於能否合理安排、妥善利用自己的時間，如果希望以最少的時間做好更多的事，就必須把時間用在刀口上。

在知名美國企業家之中，與人接洽生意能以最少時間產生最大效率的人，非金融家摩根（John Pierpont Morgan）莫屬。通常摩根都是在一間大辦公室裡與許多員工一起工作，以便隨時指揮員工按照他的計畫行事。他固定每天上午九點半準時進辦公室，下午五點下班；有人將他的資產與工作時間進行估算，推算出他每分鐘的收入是二十美元，但他本人卻認為不止如此，因為除了與生意上有特別關係的人商談外，他與其他人談話絕不浪費不必要的時間，也不會將時間花費在沒有效益的地方。雖然我們不像摩根是控管大筆資金的金融家，但面對快節奏的職場工作和生活步調，如果想調配好自己的工作和生活，就必須學會有效利用時間，讓自己在完成許多事情的同時，還能擁有輕鬆自在的生活。

某家公司的部門主管因為罹患心臟病，遵照醫生囑咐每天只上班三、四個小時。他很驚奇地發現，這三、四個小時所做的事，跟以往自己每天花費八、九個鐘頭所做的事幾乎沒有兩樣，他所能得到的唯一解釋便是，由於工作時間被迫縮短，他只好作出最合理、最有效的時間安排，而這卻也幫助他維持了工作效能，同時提高了工作效率。可見，做好時間管理能提高工作效率、提升工作價值，而效率專家更進一步指出，做好管理時間，並不是只要安排什麼時間做什麼事就好，還必須透過分析、計畫、行動這三個步驟，才能讓時間發揮最大效益。

1. 分析

　　想要做好日常工作的時間管理，最重要的前提是必須知道每天要做多少工作，以及處理它們要花費多少時間，因此只有檢視日常工作所要花費的時間，並且做成摘要記錄，才能有效進行工作事務的規劃與安排，例如：哪些日常瑣事可以一併處理，或是把它們切割成數個部分，又或是將時間運用得當和不妥當的活動加以區隔，進而改變我們的行為模式，以便讓事情處理的過程更具效率。

2. 計畫

　　當你認為所有工作都很緊急又重要時，通常只會換來一事無成的下場，而且無法將時間花費在真正重要的事情上，唯有依據必要性、重要性、選擇性此三大原則，逐一列出日常工作的優先順序，才能讓待處理的工作井然有序又高效率地進行。

3. 行動

　　當我們依據工作處理的優先順序，果斷而有效率地採取行動時，就可將因為遲疑與拖延所帶來的不快壓力一掃而空，也能避免因為諸多工作纏身而發生超限效應，進而達到有效運用時間的目標。

　　根據經驗顯示，工作效率的高低界線在於如何分配與安排時間，人們經常認為幾分鐘或幾小時並沒太大的差異，但事實上它們能發揮的作用很大，這意味著想要高效能地完成工作，我們必須重視時間的價值，並且要懂得在高效完成工作的同時，善用相對剩餘的時間從事休閒活動，讓自己既能蓄積往後的工作能量，又能享受愉快的生活。

高效工作的不二法門──學會安排工作日程

對於大多數的職場人士而言，想提升工作效率，又要避免超限效應，最根本的方式就是做好日常工作的日程規劃。一份合理安排工作事務的工作計畫表，除了可以幫助我們妥善利用工作時段，讓工作有秩序、有效率地完成外，也能調節工作節奏的快慢，實現勞逸均衡的目標，而在擬定高效能的工作計畫表時，我們應掌握以下三大原則：

1. 養成事後檢視工作日程表的習慣

一般而言，多數人的工作時段是朝九晚五的八小時制，因此在提升效率的工作日程表中，你可以依照早上九點鐘到下午五點鐘的分區欄位，把當天或是隔天預定的工作進程按序填入，並且進行事後的檢查，這樣的做好處是，一來能有條理地處理必要的工作，二來能減少不必要瑣事的干擾，而透過事後的工作成效核對，你能清楚歸納出每項工作所需的時間，從而在日後的工作過程中，不僅能準確地掌握該項工作所需要花費的時間，也能更有效率地規劃你的上班時間。

2. 依據實際情況適時調整計畫表

工作做不完的時候難免要加班，但是盲目加班卻會使人產生倦怠感，也容易影響到隔天的工作情況，所以最理想的工作狀態，就是每天下班前的半小時便已完成當天預計的工作，然後利用剩下的時間規劃隔天的工作時間表，或是總結當天的工作報告。如果接近下班時間，你經常還不能完成大多數的工作，就有必要重新調整時間規劃與

工作節奏，有時提早抵達辦公室，讓自己在正式上班前就調整好工作情緒，也能幫助你在預定的工作時間內，從容地完成既定工作。

3. 保留彈性的休息時間，不要把工作日程排得過滿

　　對於自己的本職工作，如果把日程安排得沒有任何空隙，一旦遇到突發狀況，反而沒有足夠處理的空間，而且使人忙到喘不過氣來的日程安排，也只是讓工作壓力有增無減，弄得自己疲憊不堪，所以在安排工作日程時，應該替自己彈性保留休息時間，只要情況許可，每九十分鐘就適度休息一下，無論是到茶水間為自己泡杯咖啡，或是簡單活動一下筋骨，都是短暫放鬆、恢復充沛精力的方式。

　　總結來說，如果每天都投入百分之百的力量面對工作，很容易就讓自己出現超載狀況而筋疲力盡，因此我們必須學會管理時間，合理、妥當地擬定工作計畫，該衝刺時全心投入，該休息時就放鬆身心，才能實現工作高效能、高效益的目標，同時兼顧生活與身心健康，做個聰明的快樂上班族。

超限效應你可以這樣用！

① 留意工作規劃的勞逸均衡，適時休息儲養精力

　　一般而言，人們對事物的專注力限度約為九十分鐘，因此維持工作效率高度穩定的祕訣，就是每隔九十分鐘稍微休息，讓大腦與身心短暫放鬆，避免疲倦感持續累積。此外，養成擬定工作日程計畫表的習慣，可以

幫助我們做好時間管理、妥善安排事務，減少盲目加班、無效益的假性忙碌。

② 針對工作事務進行溝通時，要把握簡潔要點

工作事務的溝通順暢，能促進做事效率，確保目標順利達成，因此與人溝通時要掌握簡潔扼要的要點，避免繁雜冗長的發言引發超限效應，造成他人的抗拒心理。例如上司指正部屬時，若是針對缺失反覆批評，不僅容易造成部屬厭煩心理，也會失去預期的改正效果，同樣的，獎勵部屬也應適時、適度，避免讓獎勵顯得「廉價」；又如會議發言、報告工作狀況時，不要想到什麼講什麼，事先應整理好陳述要點，雜亂無章、毫無重點的發言，只會增加溝通障礙，引發他人的不耐煩，浪費彼此寶貴的時間。

Let's test！ 測一測你的事業走向如何？

有天你一不小心撿到了哆啦A夢的任意門，可是進去之後赫然發現，你不能控制門打開後的目的地，誤闖以下哪個地方會讓你覺得最痛苦？

A.獅群穿梭的非洲草原

B.傳說中的十八層地獄

C.精神病院的病人活動區

D.原始食人部落的篝火旁

結果分析

選Ⓐ：你是個公私分明、擅長把工作和生活分開的人。工作上你鐵面無私，而且做事很認真、勤懇，行事專業、老練，不過工作以外，你的行為可能讓和你不熟悉的人大感意外，因為你懂得享受生活，有時甚至會像小孩子一樣，時不時還會有很多無厘頭的言行。

選Ⓑ：你的工作心態會保持和新入職的時候相差無幾，基本上來說，樂觀的你並不會特別看重工作地位有多重要，你認為它不是人生的全部，只不過是生活的一部分而已。你的內心深處永遠保持著赤子之心，面對工作的時候，也覺得該做什麼就做什麼，一般不會因為工作而有特別大的思想轉變，也不會去刻意討好誰或者為難誰。

選Ⓒ：小心！你會變成讓職場新人心驚膽顫的嘮叨前輩！你很善良，也很好心，內心其實還挺熱情的，可惜最大的麻煩是你有時比較喜歡嘮叨，年齡大了或資歷久了，還有可能喜歡倚老賣老，並且會漸漸變成職場老油條，其實你只是好心地想要把自己的經驗教給年輕人，只不過每個人的處事方式不一樣，新人未必能接受。

選Ⓓ：你的走向會是職場老頑童，在你內心深處會覺得做人最重要的是要自己活得開心，所以你將越來越不太在意一些所謂的人情世故，關於勾心鬥角、爭權奪位的事情，對你而言都不重要，你也懶得理會，只管自己做好自己的工作，開心過自己的生活就是了。

4-4 80/20法則教你創造工作時間的最大產值

在講求效率、分秒必爭的現代職場中，如果做事總是拖拖拉拉，經常會延誤許多工作上的進展，然而有些人卻將這類行事拖延的習慣合理化，並且認為自己的工作太繁雜了，要想如期完成工作也是心有餘而力不足。類似這樣的想法乍聽之下似乎有道理，但事實上只是更突顯當事人在工作事務方面規劃能力的低落。

大多數的慣性工作拖延，多半是因為無法分辨事情的輕重緩急，不是把大量時間用來處理次要事務，就是忽略了彈性分配工作時間的重要性，結果不僅讓應當立即著手的事情被擱置，延誤了處理時機，也無從創造出工作時間的高效益產值。這意味著戒除行事拖延的壞習慣，必須學習應用「80/20（帕雷托）法則」管理時間，並且將工作事務劃分出輕重緩急，對於最具價值的工作投入充分的處理時間，如此一來，即便只是妥善利用20%的時間，就能避免重要工作的無限期拖延，從而提高處理事情的效率，創造出高效益的工作產值。

帕雷托法則（Pareto Principle）
以20%的時間取得80%的工作成就

　　帕雷托法則又稱為80/20法則、最省力法則，意指在眾多現象中，80%的結果取決於20%的原因。這個法則最早起源自義大利經濟學家帕雷托（Vilfredo Federico Damaso Pareto）於一九〇六年的社會研究，當時他針對義大利20%的人口擁有80%的社會現象進行觀察，而後歸納出一個結論：如果20%的人口擁有80%的財富，那麼就可以預測，10%的人將擁有約65%的財富，而50%的財富是由5%的人所擁有的。日後，隨著這個法則在很多生活層面被廣泛應用，管理學便將之概括稱為帕雷托法則。

　　管理學家認為，如果把帕雷托法則應用到時間管理上時，就會出現以下假設：一個人大部分的重大成就，例如在專業、知識、藝術、文化或體能上所表現出的大多數價值，都是在他自己的一小段時間裡取得的；如果快樂能測量的話，大部分的快樂是發生在相對較少的時間內，而這種現象又出現於多數的情況之中，不論這種時間是以一天、一星期、一個月、一年或是一生為單位來測量。以帕雷托法則的精神來表述的話，就是80%的成就是在20%的時間內取得的，反過來說，剩餘的80%的時間只創造了20%的價值，而人們一生中80%的快樂發生在20%的時間裡，也就是說另外80%的時間，只有20%的快樂。如果承認上述假設，那麼我們將得到以下四個令人驚訝的結論：

1. 我們所做的事情中，大部分是低價值的事情。

2. 我們所擁有的時間裡，有一小部分時間比其餘的多數時間更有價值。

3. 如果我們想依此法則採取行動，就必須採取徹底行動，只有小幅度的改善並沒有意義。

4. 如果我們好好利用20%的時間，將會發現這20%的時間其實是用之不竭。

　　以職場工作而言，如果分析你一整天的工作內容，你可能會發現有大量時間沒有妥善利用，甚至有80%的時間都在處理產值較小的工作，這帶來的影響便是感覺自己每天都有做不完的工作，可是實際上重要工作卻老是拖延，整體工作績效也不佳。儘管我們在每天的工作崗位上，經常要處理大大小小的事務，有時還會遇到許多事情同時間接踵而來的情況，但也正因為如此，只有養成區分工作輕重緩急、善用時間做要事的習慣，才能提高工作時間的產值，並讓工作井然有序地高效完成。

堅持「要事第一」的工作原則，至少提高五成的工作效率

　　美國鋼鐵大亨許瓦柏（Charles Michael Schwab）曾說：「與各種所謂高深複雜的工作方法相比，要事第一是我學到最簡單卻收穫最多的一種方式。」而教授他要事第一的工作方法正是管理顧問艾維‧

李（Ivy Lee）。話說，許瓦柏早年曾為自己的工作效率過低十分憂慮，因此特地尋求艾維‧李（Ivy Lee）的幫助，希望藉此能學習到一套高效能的做事方法，讓他在短暫的時間內就能完成更多的事情，從而解決每天堆積如山的工作。

艾維‧李相當明快地說：「這不成問題！我在十分鐘內就可以教你一套至少提高五成效率的做事方法。你把明天必須要做的工作記下來，再按重要程度編上號碼，最重要的排在首位，以此類推。明早一上班，馬上從第一項工作做起，一直做到完成為止。然後用同樣的方法處理第二項工作、第三項工作，一直到你下班為止。即使你花了一整天的時間才完成了第一項工作，也沒關係，只要它是最重要的工作，就堅持做下去。當你每天都這樣做，而且對這種方法的效果深信不疑後，也讓你的員工這樣做。這套方法你願意試多久就試多久，然後到時給我寄張支票，你認為價值多少就支付我多少。」

不久後，許瓦柏發現這個方式效果奇佳，於是便寄送了一張二萬五千美元的支票給艾維‧李。許瓦柏認為這是他營運鋼鐵公司多年來最有價值的一筆投資，因為他在堅持使用這套要事第一的工作方法後，五年內，公司就從一個不為人知的小鋼鐵廠，一躍成為不需外援的鋼鐵生產大企業。

許瓦柏的例子正如某位法國哲學家所說的：「人們最難懂的事情，就是要把什麼放在第一位。」許多人在處理每天的事務時，完全不知道要把工作按照重要性加以安排，誤以為每項工作任務都一樣重要，但是當我們把所有工作都當成是重要又緊急的急事時，反而就無

法明確區分哪些事是要馬上處理，哪些事是雖然重要卻能稍後處理，結果上班時間即便被工作填得滿滿的，整體工作績效卻與預期中的相差甚遠。換言之，假使你感覺每天有一大堆做不完的工作，就應嚴格分析、檢視你的工作日程，通常在重要的工作時段中老是處理非必要性、非急迫的工作任務，就會產生重要工作延宕、工作表現持續下滑的問題。

多數職場人在處理工作事務時的通病，便是一心想把所有事情都做好，卻忽略了安排工作的優先順序，而帕雷托法則帶給我們的啟示是，想要事半功倍就必須把精力投入在要事上，才能以20%的時間取得80%的工作成就。由於我們每個人的時間和精力都非常有限，與其企圖面面俱到，不如把握重點，按照事情的輕重緩急，制定出進度時間表，依序展開工作，就在能有效處理工作事務的同時，確切地掌握好每件事情應有的發展情況，並且合理分配我們的時間和精力，進而以最少的努力與時間來獲取最大的利益和價值。

工作時間有效管理的第一步：以「重要」、「緊急」兩大原則劃分工作順序

每位職場人都希望提升自己的工作績效與工作表現，而帕雷托法則提醒我們要避免將時間和精力花在瑣事上，這意味著除了要記錄自己的工作時間，找出自己把時間都耗費在哪一類工作上之外，也要設法將要事擺在第一位，減少「非生產性工作」的時間。常言道：「有

效的工作時間管理是要先後有序。」在管理學中，有一個被眾人普遍運用的時間管理法，就是把工作按照「重要」和「緊急」此兩種原則加以劃分，而按此兩大原則，以下有兩種劃分工作順序的方式，將能協助你有條不紊地處理各類工作。

依據「重要」、「緊急」原則，把工作細分為四大類

我們經常認為只要是公司交辦的任務都是要優先處理的事情，然而實際上，待處理的工作可以細分為四大類型：一是重要且緊急的事務；二是重要但不緊急的事務；三是緊急卻不重要的事務；四是不緊急也不重要的事務。

第一種重要且緊急的事務，意味著事情非常重要，並且具有急迫性和突發性，甚至需要我們立即做出回應或是加以處理，而這類事務可能是客戶突然要求解約、上司臨時交付一項急需完成的任務、即將到期的工作任務等等。

第二種重要但不緊急的事務，通常是富有挑戰性，並且具備長期性規劃的特色，例如關係到年度工作考績的工作任務、重要企劃案的提案報告、建立人際關係、定期聯繫客戶、人員培訓計畫等等。

第三種緊急卻不重要的事務，泛指某些因為時間急迫而必須趕緊回應的事情，好比說接聽客戶電話、簽收廠商交送的商品樣本與信件等等。

第四種不緊急也不重要的事務，意味著其沒有時間急迫性與壓力，例如打電話單純與客戶聯繫感情，處理私人信件等等。

透過以上四種工作事務的分類，我們可以將每週或是當日的工作，妥善地設定出優先順序，並且進一步規劃出時程表，更重要的是，如此可以大幅提升我們的工作效率，以及避免疏忽某些需要處理的事情，造成工作延宕。

依據「重要」、「緊急」原則，把工作分為A、B、C三級

按照「輕重緩急」的原則，我們可以將工作區分為A、B、C三級。A級多半是緊急又重要的工作，B級是較為次要的工作，C級則是一般性的日常工作；藉由這樣的工作劃分，就能安排出各項工作的優先順序，並且大概推估出各項工作的處理時間和佔用的百分比，而當A級工作遠比其他工作做得越多，通常工作效率就越高。當你在工作中記載實際的耗用時間後，再將每日計畫的時間安排與耗用時間對比，即可分析出時間運用效率，從而能重新調整自己的時間安排，達到高效工作的目標。值得一提的是，在工作時間管理的過程中，往往需要應付一些突發事件，因此除了要習慣為每項工作預留一些時間外，最好也能準備一套應變計畫或是相關的應變措施。

英國詩人波普（Alexander Pope）曾說：「秩序是防止工作挫敗的第一準則。」為了能高效率地順利完成工作，杜絕慣性工作拖延，

我們必須做好工作時間的有效管理，盡量合理壓縮時間的流程，以期能讓時間價值最大化，與此同時，也要善於安排工作事務的優先順序，遵守要事第一的做事原則，唯有如此，才能在有限的工作時間中創造最大的工作成效。

帕雷托法則你可以這樣用！

① 尋求事半功倍的工作方式，努力提升工作效率與工作績效

處理工作時，應發揮帕雷托法則的精神，以最少的資源和努力來獲取最大的利益和價值，因此改變工作不分輕重緩急的認知與行為，盡可能把精力集中到最重要的工作事務上，就能以20%的耕耘獲取80%的收穫，而如果在工作的每一階段，你能不斷找出更有效率、更經濟的做事方法，就能更加有效地提高時間利用率，從而讓工作時間增加效益與產值。

② 掌握核心關鍵點，做好組織管理與資源配置

帕雷托法則適用於個人工作，也適用於組織管理、決策擬定等面向，而一般典型的思維模式是，80%的產出源自20%的投入、80%的結論源自20%的起因、80%的收穫源自20%的努力，因此老闆或主管處理內部事務時，也能依循此道把大量精力投入到最具生產力的事務上，並且防範負面影響的發生。好比獎勵部屬或員工時，與其一視同仁給予嘉許，不如針對特殊表現者加以鼓勵，反而更具有激勵效果；又例如想提升部屬或員工的工作產值時，可以依據他們的特長與優勢點安排適當的任務與職位，一來能避免人力資源的浪費與閒置，二來能兼顧公司與個人的同步發展。

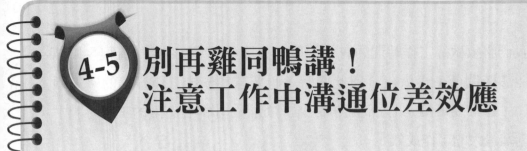

身處講求分工合作的職場，我們經常要與他人相互溝通、彼此協商才能完成工作，儘管沒有人樂見因為工作關係與同事拍桌叫罵，或是與上司爆發工作上的衝突，但無奈的是職場人百百種，有人凡事好商量卻沒有主見，有人固執己見很難協商，也有人像是初一十五的月亮，每次講的都不一樣，類似這類的溝通障礙不免造成工作效率低落、人際關係緊張，甚至引發激烈的口角衝突。

許多時候，職場衝突並不是因為雙方存有深仇大恨，而是溝通過程存有嚴重隔閡，尤其當雙方的職務與工作權責不同，又在觀點和立場上有所落差時，很容易便促使「位差效應」發生作用，導致彼此要花費不少時間解決基本的溝通問題，徒增工作推動的難度。顯而易見的，工作事務上的溝通智慧，往往關係著我們的工作能否順利，以及往後的職場發展能否成功，因此面對同事、工作夥伴、上司時，我們除了要掌握協商技巧、強化個人的溝通能力外，也應避免溝通過程中出現位差效應，如此才能提高工作效率，又能取得他人對你的信賴感。

溝通位差效應（Status Differential Effect）
兼顧工作效率與人事和諧

溝通位差效應源自於美國加州州立大學（California State University）針對企業內部溝通進行研究後的成果，依據該研究顯示，企業內部的溝通多半採取下達、上傳、平行交流這三種方式，不過這三者的溝通效果卻大相逕庭；在領導階層下達給部屬的訊息中，只有20%～25%能被正確理解，而部屬的反饋（feedback）訊息則不超過10%，但若是雙方平行交流，意即透過平等、直接、無阻礙的管道進行意見交換，溝通效率則可以高達90%以上。

研究人員在探討平行交流為何具有高度溝通效率時發現，當企業內部成員以「對等」為基礎進行交流，常見的職務關係、等級壁壘、層級過多等溝通阻礙變少，因此訊息的傳遞與交流自然暢通無阻。為了進一步實驗平等交流在企業內部實施的可行性，研究人員嘗試在企業內部建立起一種平等溝通的機制，結果實驗表明，領導階層與部屬之間的協調溝通能力因此大幅提升，無論是組織文化的認同、經營理念、工作事務推動的目標都能很快達成一致，而上司下屬、同級工作夥伴、各部門之間的訊息交流也較為順暢，連帶使得以往工作執行時發生的「訊息失真」現象也大為減少。

對此，研究人員歸納出一個結論，組織成員在職場中的階層等級、組織位置的落差，很容易造成訊息扭曲失真、傳遞意見困難的弊

病，而消除這類「位差」導致的溝通障礙，必須仰賴於平等交流的溝通機制，才有可能達到內部有效溝通、工作事務順利推展的目標。

在理想狀態下，平等交流的溝通對於執行工作、經營職場人際關係、展現個人協調能力都有助益，即便有些公司內部的溝通管道未必盡如人意，但就個人的工作事務而言，與人溝通公事時，不論是基於任務分配、職務關係、行事理念、工作進程規劃等問題，想要有效推動工作，我們就必須與他人協商、交涉、討論，才能化解歧見，凝聚共識，而杜絕位差效應帶來的溝通障礙，除了應學習與他人討論公事的聰明技巧外，也要謹記尊重、換位思考的溝通原則，從而讓彼此能相互合作，創造出工作有效率、人事又和諧的多贏局面。

溝通能力左右著你的工作表現與職場發展

美國福特汽車公司的一家分工廠，過去曾因管理混亂而差點倒閉，後來總公司直接派任一位經理前往重整。這位經理到任後的第三天就發現了問題癥結，在偌大的廠房中，一道道生產流水線如同屏障一般，不但阻隔著工人們之間的直接交流，機器的轟鳴聲、試車線上滾動軸發出的噪音，也讓工人們在交流工作訊息時產生干擾，加上過去管理者拚命要求大家努力生產，對於增加情感交流的內部活動根本不在意，久而久之，所有人都像生產機器，不但工作熱情大減，冷漠疏離的工作氣氛也常造成內部衝突，更糟糕的是，隨著工廠營運不佳面臨倒閉的衝擊，工人們之間的不必要口角與工作爭吵更是日漸增

多。

在覺察到關鍵問題之後，這位經理果斷地宣佈，以後工人的午餐費由廠裡負擔，而且所有人在午餐時間要一起用餐，甚至他還親自在食堂架起烤肉架，免費為每位工人烤肉。其實這位經理的用意是想給大家一個互相溝通、增進瞭解的機會，只有建立起成員之間的信任感，改善組織內部的共事氣氛，大家才有可能齊心協力度過工廠的難關。每日午休聚餐的計畫推行一陣子後，慢慢出現了成效，工人們除了會主動把工作中的問題提出來討論外，也開始集思廣益，談論起工廠的缺失要如何改善，以及未來營運走向該怎麼規劃。兩個月後，工廠業績攀升，五個月後居然奇蹟般地出現轉虧為盈，重新回到正常的營運軌道。

福特汽車公司分工廠的起死回生驗證了「群策群力，集思廣益」的道理，同時也說明了身處職場無論遭遇何種情況，唯有與他人溝通、協調、交換意見才能完成工作任務，但是正所謂「知易行難」，有七成左右比例的職場人士無法在工作上明確表達意見，並且時常受困於溝通位差效應，因此縱然有很好的點子、絕佳的工作提案也派不上用場，而一旦遇到要與同事、上司、客戶交涉工作時，不管是表達能力不佳而詞不達意，還是怕多說多錯的沈默寡言，都會嚴重影響到工作表現與個人職場發展。

欠缺溝通能力？掌握工作四大交涉模式，不再擔心開口說錯話

不少人認為與人交涉公事之所以存有難度，主要是因為不知道溝通尺度、回應方式該怎麼拿捏。好比對上司下達的工作指令感覺不妥時，該對上司說的指示言聽計從，還是提出反對意見？或者是與同事討論公事時，如果對方經常答非所問或是凡事都沒意見，又該怎麼做才不會拖累到工作進度？其實與人溝通或交涉公務時，可以採取說明、意見、提案、主張此四種溝通模式向對方傳遞訊息，這四種溝通模式的目的、預期效果各有所長，只要能善用它們的特點，依據實際情況選取適合的溝通模式，就能幫助我們在工作交涉上提升表達能力。

● **說明模式**：這是純粹就事實做出客觀陳述的表達模式，所以表達內容上不會參雜自身觀點、判斷、評價與主張。

● **意見模式**：採用此模式傳遞訊息時，表達內容上必定會包含自己的想法，以及相關的判斷、評價、提議或主張。

● **提案模式**：此模式的主要特點是，表達內容上雖包含自身想法，但想法的型態與範圍近似於構思或點子，並且不像意見模式所屬的內容來得廣泛。

● **主張模式**：這是最直接提出自身立場或想法的表達模式，因此表達內容必須奠基於客觀事實，藉以正確地說明事實、判斷評價事情，或是提出創造性的提案，與此同時將重點放在個人想法與自身立

場的明確化。值得一提的是，意見模式雖然也會提出自身主張，但就內容強度而言，主張模式將會更為強烈。

綜合上述所言，當我們了解說明、意見、提案、主張這四種溝通模式的差異和特點之後，就能根據當下情況、具體問題、自身目的、各種表達模式帶給對方的印象、可能產生的對話效果等其他因素，選擇最適當的表達模式陳述己見。當然了，在許多情況下，這四種溝通模式可以用整合的方式交叉應用，只是以創造性的觀點來看，意見模式的意義與價值將高於其他三者，也是在職場上最重要的發言模式，因此透過檢視自己在常見狀況下的發言模式，我們可以逐步進行調整，試著將意見模式提升到至少三分之一的比例，從而達到切中要點、有效交流的溝通目的。

掌握與上司溝通的基本原則，工作助力多一倍

在職場的各類工作交涉中，身為部屬必然要與上司溝通公事，不過許多人提起與上司共事總有滿腹苦水，好比手邊工作已經要做不完了，上司卻又指派更多的工作給你，或是先前討論定案的工作做了一半，上司忽然又改變計畫方向，使得事情全部要重新來過，又或者明明是上司對工作任務講得不清不楚，事後又來責怪你辦事不力。有些人認為這是上司領導無方、故意刁難、無法溝通，但實際問題可能出在雙方溝通工作時的位差效應。

當上司交派工作任務時，最容易導致工作毫無成效的原因，往往

是因為部屬與上司對工作重點的認知不同，這意味著在溝通過程中，雙方對訊息的傳遞、接收、解讀存有阻礙，而越是無法平行交流，越容易形成工作阻力，結果便導致上司不清楚部屬需要什麼協助，而部屬也不明白上司到底希望工作怎麼執行。其實在上下級常見的工作溝通問題中，我們可以採取以下的策略加以因應：

● 上司交代太多工作忙不過來？你要適時提醒並敲定哪些事要優先處理

上司交派許多工作給你必然有其考量，但不少人在面對一波波的待辦工作清單時，總是選擇照單全收，卻忽略了兩種可能的狀況，一是你的上司可能忘了先前曾指派哪些工作給你，於是不斷交派工作給你，二是你的上司並不知道你正忙不過來，很自然地認為你還有時間去處理其他事。換言之，上司不是資訊儲存強大的電腦終端機，也是需要被部屬適時提醒，假使上司交代你處理好幾項工作，而你無法同時間完成時，那麼，你就應該反過來主動幫助上司制訂出工作的優先順序。

你可以事先衡量上司交代的工作中，哪些是重要性高、效益大、必須優先處理的工作，然後再列出你手邊有哪些工作正在進行，又需要哪些支援，才能夠在期限內加以完成。當你整理好工作概況後，再與上司進行討論；你可以詢問上司：「未來幾天或幾星期內，我必須先完成哪些工作目標？」或是直接告訴上司：「我已經先排定未來幾天內，應該要優先完成的工作專案，所以想聽聽你的建議？」總之，你必須把短期內應該先完成，而且有能力完成的工作項目先確定下

來，這樣不僅可以減少自己的工作負擔，更可以讓上司瞭解你的實際工作量，以便即時做出調整或提供支援。

● 上司的工作指示不明又常改變？不要一味地點頭說好，詢問並釐清工作重點才是上策

不少人認為對上司的工作指示表示意見，或是詢問某些問題，可能會被當成是在挑戰上司的職場權威，然而上司除了要對部屬進行有效管理外，也有自身要擔負的工作責任，所以如果你對工作指示有不明白的地方，你就應向上司進行確認，才能避免工作出差錯，這對雙方來說都是最有益的做法。

有些上司經常會未經深思就草率地下達工作指示，即便你表達了希望進一步獲得明確指示的想法，他很可能還是無法完整告知工作要求，這時主動詢問並和他討論他希望工作透過什麼方法、在什麼時候完成、預計達成何種效果，都能避免工作在真正執行時立即遇到狀況。值得一提的是，當你在與上司討論的過程中，必須換位思考，站在上司的立場去看待問題，你該做的是協助上司解決工作上的問題，而不是把問題完全丟給上司，或者自己一個人獨力承擔所有問題。

除了上司下達的工作指示不夠完整外，有時口語溝通也會造成雙方對於工作指示的認知不同，因此必要時不妨多次覆誦上司的指示，予以確認，直到清楚無誤為止，此外，你也必須在上司面前，針對工作期限等相關細節進行記錄，以便避免無謂的誤解。

上司在下達工作要求的指示後，有時因為考量到現實情況，可能會變更甚至推翻先前的工作指示，此時你不但要發揮應變力，對於模

稜兩可的指示，也不應不求甚解地予以接受，因為一旦你毫無疑問地接受了，它就已成了你的責任，因此在接受上司的工作指示前，你必須確認指示的內容是否完整，而你又能否清楚瞭解。也就是說，只要對上司的工作指示有所疑惑，或是有模糊不清之處，就要立即詢問清楚，往往這能有效提高你的工作效率，並且減少工作出錯或做白工的機率。

● 上司只出一張嘴，不管工作執行的難處？善用工作回報說明情況與需要的協助

對於上司而言，工作回報是掌握部屬工作進度、了解重要資訊的方式，而對部屬來說則是讓上司有機會站在自己的立場去思考事情，或是提供實際的支援，而且工作上的問題未必有絕對正確的答案，只憑個人主觀意志加以判斷，很有可能會因思考方向的錯誤，白白浪費時間，所以透過每一次的工作回報與上司進行溝通，你不但能明確掌握工作的執行方向、獲得上司的支援，也能讓上司重視到你的工作效率與能力，即使日後工作發生了問題，上司也會因為清楚你的執行過程，釐清應有的責任歸屬。

當你向上司回報工作情況時，應一針見血、有條有理地報告重點或結果，確保工作回報的有效化。你要讓上司瞭解的是工作進展，以及你的見解或判斷，而不是讓上司接收到一堆言不及義的無效資訊，白白浪費彼此的時間。此外，工作回報是一種與上司增進交流的模式，類似「可能還是不行」、「不知道出了什麼問題」的負面用語，應該予以避免，否則會讓上司感覺你在推諉工作責任，或是工作態度

不夠積極。

　　總結來說，工作事務的溝通交流，是工作夥伴增進了解、彼此協商、共同完成工作的基本方式，而隨著因應工作情況的改變，每個人勢必會有自己的思考方式與做事方法，唯有透過有效平行的雙向溝通，達成基本共識，避免溝通位差效應帶來的負面影響，才能提高完成工作的效率，與此同時，也能與他人建立良好的共事關係，拓展個人的職場發展空間。

溝通位差效應你可以這樣用！

① 工作交涉時，要提醒自己減少溝通障礙，採取雙向對等的交流方式

　　與人進行工作溝通時，給予彼此相互表述與聆聽的空間，可以避免位差效應引發溝通障礙，也能讓雙方充分理解彼此，提高工作成效，因此與他人討論公事時，在提出問題或表達意見之前，要先簡短說明事情的前因後果，以便讓對方知道你的疑問與困擾之處，然後聆聽對方在掌握狀況後的回應。在溝通過程中，要避免情緒性發言，多用中性與正面用語，並且適時確認雙方是否正確理解對方的意思，一旦共同點與歧見之處都清楚後，就能開始協商如何調整差異、凝聚共識，順利推動工作的進行。

② 管理者應廣開言路，打造順暢無阻的溝通管道，強化內部高效交流

　　管理組織團隊時，內部溝通機制若過於封閉、等級阻礙太多，容易造

成工作計畫受挫、管理政策難以全面落實的弊病，同時減低團隊凝聚力，因此管理者應打破內部的溝通隔閡，盡可能採取平等交流的溝通措施，例如定期召開內部座談會回覆成員問題、鼓勵成員主動提出工作建議，或是利用內部郵件、刊物、意見箱等形式增進交流，都是可以提高有效雙向溝通的方式，唯有組織團隊內的訊息暢通，才能確保成員的工作步調與組織發展目標趨向一致，繼而創造高效能的團隊。

Let's test ! 測測看你的控制欲

通常你到美容院或理髮店理髮，你會如何與髮型師溝通？

A、丟一堆雜誌要他決定

B、口頭說明大概要修剪的方向

C、拿指定的圖片或照片請他照著剪

D、交由髮型師自由發揮

★A：丟一堆雜誌要他決定。掌控欲程度：40分。

不知你是真的好商量，還是天生個性柔弱，你經常對於別人的意見言聽計從，於是原本你自己計畫的東西，最後也都成了別人的主意，甚至主導權也悄悄地落入別人手中。

★B：口頭說明大概要修剪方向。掌控欲程度：60分。

你的喜好頗為明顯，對於感興趣的事物，會不自覺地想擁有控制權，以利於全心投入，旁人無從干涉；但是若是自己沒興趣的事，你就一副事不關己的樣子，乾脆撒手不管。

★C：拿照片請他照著剪。掌控欲程度：90分。

你在職場上不是很有安全感，一旦大權落在你身上，你會寧願讓自己累得半死，也不願把權力外放給其他人，除非你自己覺得無能為力，否則旁人很難得到你的授權。

★D：任由理髮師幫你。掌控欲程度：75分。

你把親疏遠近分得很清楚，想從你掌控的權力裡分杯羹，得先得到你的深度信任；至於和你不熟的人，若想要讓你將大權下放給他，可說是比登天還難呢。

4-6 迷失工作方向？運用手錶定律調校工作最終目標

在日常工作中，有人認為「人多嘴雜難辦事」，工作越能自己簡單處理越好，但也有人認為推動工作必須有他人的協助，因此適時了解並聽取他人的想法很重要，然而，許多時候我們都會有想要集思廣益卻迷失方向的經驗。好比在擬定工作計畫的前期，為了把握充分的資訊，我們詢問了相關人員的想法與建議，可是當各種意見迎面而來時，原先清晰的思路忽然被弄得混亂不堪，本來預估能簡單解決的事情也複雜起來，特別是在多種意見相互衝突的狀況下，想要做出讓大家滿意的決策不僅困難，就連基本的工作目標都難以確立。

事實上，無論是制訂工作計畫、做出工作決策或是安排個人的工作事務，紛雜的外部資訊、過多的預期目標，容易使人對自己能否做出正確決定感到懷疑，結果便落入選項越多卻越無所適從的窘境，而這正是心理學中「手錶定律」所引發的現象。

手錶定律（Watch Law）的啟示，
教你樹立明確的工作目標

　　德國心理學家曾觀察到一個有趣現象，當一個人只擁有一支手錶時，通常他可以明確知道時間，但假使同時擁有了兩支或兩支以上的手錶，他會無法確定現在到底是幾點，因為不同快慢的時間將導致他失去對準確時間的信心，這就是著名的手錶定律。

　　手錶定律又稱為「矛盾選擇定律」，它的意涵在於人們面臨做出決策的時刻，與其被許多選項左右而隨波逐流，不如為自己建立一個基準，或是確定自身的最終目標，繼而挑選出最能實現目標的選項與做法。這也就是說，你只需要一支值得信賴的手錶，盡力校準它，並以此作為你的標準，聽從它的指引行事，如果一味地添加更多的手錶，只會增加決策壓力，使人無所適從，失去方向。

　　以職場工作或企業管理來說，遭遇工作意見過多、內部管理標準不一等狀況時，解決問題的方式是：只留下一支手錶，扔掉多餘的手錶！唯有明確目標，懂得取捨，才能避免工作變得混亂，從而提高做事效率。

貪多嚼不爛！目標過多、標準雜亂只會讓工作陷入混亂

　　有個寓言故事是這麼說的，森林裡住著一群猴子，每天過著日出而作、日落而息的平靜生活。某天，有隻猴子撿到遊客不小心掉落的手錶，當牠弄清楚了手錶的用途後，開始有猴子跑來問時間，漸漸地，猴群的作息時間也變成由牠一手主導，於是牠理所當然地成為了猴王。當上猴王之後，這隻猴子認為是手錶給自己帶來了好運，因此每天都在森林裡巡邏，希望能撿到更多的「好運手錶」，而就在牠如願以償，撿到第三支手錶時，麻煩事也跟著來了。

　　牠發現每支手錶顯示的時間不盡相同，而牠無法確定哪一支手錶才能準確報時，所以每當有猴子來問時間的時候，牠的回答總是有些支支吾吾，沒多久後，猴群的作息時間變得混亂，最後牠不但被猴子們趕下了猴王寶座，三支手錶也被新任猴王據為己有。很快地，新任猴王同樣面臨了上任猴王當初的報時困擾。

　　這則寓言故事生動解釋了手錶定律帶來的影響，對於個人或組織而言，不能同時樹立兩種不同的價值觀、不能同時設置兩個不同的目標，否則個人或企業會無所適從，行為也將陷於混亂。現實職場中，手錶定律的影響隨處可見，例如兩位同級主管都對你的工作表示意見，但是他們提供的建議卻略有不同，那到底該聽取誰的意見去執行工作才好？又或是處理工作問題、擬定工作計畫時，外部意見紛雜，卻又各有道理，我們又該如何取捨，做出決斷？類似的情況顯示出，

人們常在工作決策的過程中飽受煎熬，但正如專家所建議的「留下你要的一支手錶」，也就是選擇一個最適合自己的目標、制訂一個標準、劃定最終底線，才能阻斷干擾，邁開前進腳步。

那麼，我們該如何定立目標，才不會讓目標流於天馬行空或不切實際，造成真正執行時馬上遇到困難呢？其實按照以下的基本步驟，我們就能釐清思緒，定出可行性高、符合現狀的行事目標。

1. 設定目標前，思考必須這麼做的理由

為事情設定目標之前，我們要先思考設定這個目標的理由，例如這樣能避免成本與時間的浪費、增加工作成效、提高市場佔有率等等，往往清楚地知道實現目標的好處後，便能依此做為評估基準，進而選擇出最能達成目標的執行方式。

2. 詳列實現目標所需的條件

任何目標的實現必然有其需要的條件配合，如果你能詳細羅列實現目標所需的條件，就能思考以何種方式著手進行最能增加成功機率，同時預防或降低可能的風險，更重要的是，這能幫助你檢視目標的執行難度與實際可行性。

3. 設定實現目標的時限

沒有完成時限的目標，通常會讓目標流於虛設，因此目標確立後，必須進一步設定完成的時間表，如此一來，不但能讓你的執行過程更具有計畫性，也能激勵你採取行動，避免無限期的拖延。

綜合以上所述的三個步驟，我們不難發現手錶定律帶來的工作啟示是，遇到需要做出決斷的狀況時，都要先樹立出明確的目標，唯有清楚知道自己要往哪裡去，才能在前進的過程中保持方向感，進而選擇以最快、最便捷的路徑抵達目的地，順利完成工作。

📎 工作意見太多怎麼辦？要能客觀評估，歸納整理

手錶定律告訴我們，擁有兩支手錶並不能告訴你更準確的時間，除非你將它們的時間調校到一致，同樣的，如果用一個標準去衡量一個人或者一件事，可以很快得出結論，無論這個結論是好還是壞，但是如果用不同的標準去衡量同樣的一個人或一件事，你馬上會發現得出的結論截然不同。仔細想想，職場上的工作意見交流不也是如此嗎？

話說有位年輕的畫家從小就開始畫畫，可是對於自己的實力總是沒什麼信心，老是認為自己比不上別人，久而久之，這個自信心薄弱的弱點嚴重影響了他的發展，甚至讓他有了放棄畫畫的念頭，後來，他的老師想到了一個解決辦法。這位老師說服年輕畫家完成一幅新畫作後，把畫擺放在最負盛名的畫廊裡，而畫作旁邊要附上一張紙條：「請指出這幅畫作的缺點。」如此一來，就能知道大家對這幅畫的評價如何。

三天後，老師讓畫家去畫廊取回畫作，只見畫家回來時一臉沮喪，原來畫作上的每個細微之處幾乎都有人指出了毛病，他覺得自己

簡直一無是處，強烈懷疑自己根本不適合畫畫，再這樣畫下去也是浪費時間。老師聽完後，沒有批評也沒有鼓勵，只是要他再畫一幅相同的畫作，依然掛到畫廊裡，不過這次紙條上寫的是：「請指出這幅畫作的優點。」

三天後，老師又讓畫家去把畫作拿回來，這次畫家回來時十分興奮，他邊走邊開心地說：「老師，這次有好多人肯定我！很多人都寫下了欣賞的原因，還有些人注意到我在畫裡細微處理的部分！不過這次的畫跟上次的畫沒有什麼差別，為什麼大家的評價卻差了這麼多？」老師笑笑地說：「你覺得原因是為什麼？經過這次，你學到了什麼嗎？」畫家想了想，說：「我明白了，那是他們觀看的角度不同。我以後不會再因為外界評價輕易說放棄。」

身處職場，不少人都曾有過類似故事中年輕畫家的心路歷程，特別是與他人交流工作意見時，許多不同價值觀、不同立場的看法，經常挑戰著一個人的決斷力。有句話說：「人是萬物的尺度。」這個世界上存在著太多的標準，對於同一件事情，每個人的立場不同，觀點也就不同，所以幾乎每件事情都能用很多標準來衡量，也有很多參考意見能供你選擇，不過在工作上，我們雖然要常徵詢他人的意見，但並不是意見越多越好，往往那只會使人無所適從，然而，只想完全依照自己的想法行事，毫不聽取他人的見解也不可取，那將容易令人流於獨斷獨行，剛愎自用。

事實上，面對工作上的交流時，我們一方面要參考他人的意見，同時也要牢記最終目標，並且講求「慎思明辨」的方法和原則，學會

運用自己的判斷力，對他人的意見進行理性分析，避免被過多的外部資訊左右了判斷力；在某些狀況下，如果你對事情已經做出初步的判斷，就沒有必要一再尋求他人的意見，以免花費太多時間「紙上談兵」，失去行動力。

順利推動工作的祕訣：透過預先溝通，把大家的手錶調校到一樣的時間

無論是處理工作事務或是擬定工作計畫，當我們確立好自己的工作目標後，接下來的挑戰是如何讓工作夥伴一同推動工作，假使你無法把大家的手錶都調校到一樣的時間，就會發生每個人工作步調不同的狀況，導致工作難以如期完成。

一般說來，預先的準備工作，將是決定工作計畫能否順利推動的關鍵，好比你希望自己的工作計畫獲得支持，事先就得與相關人員交換意見，並且將決策者的意見列為優先考慮，以便爭取到他們的認同與批准。這也就是說，在把工作計畫付諸行動的時候，你必須先綜合大家的建議，總結出最適合、最具體的方法，往往透過交流意見的過程，某些抱持否定態度的人可能因此改變想法，不再堅決反對，而抱持正面態度的人或許更加支持，並且順勢引導立場中立的人偏向於贊成，更重要的是，這能讓其他人感覺自己與該計畫息息相關，進而樂於支持或是採取實際的行動。

整體來說，處理各類工作時，我們要能夠清楚地瞭解什麼是該做

或不該做的事，特別是遇到意見不一、難以決策的複雜狀況時，更應牢記手錶定律的解套之法：只留下一支手錶，扔掉多餘的手錶！唯有培養自己凡事確立目標、清楚定位、運用判斷力過濾資訊，才能規劃出最有效率的執行計畫與步驟，繼而真正實現高效能工作，讓自己擁有出色而穩健的工作表現。

手錶定律你可以這樣用！

① 隨時確定自己的職場位置與發展目標，與其左顧右盼不如專心努力

無論是職場生涯規劃還是個人工作事務的處理，手錶定律都揭示一個道理：明確的目標能確保人們不會迷失方向感。一般說來，對於職場生涯規劃，必然會設定一些需要經過長期經營才能實現的目標，而在實現長期目標的過程中，務必要保持耐心、恆心、毅力，以及奮鬥不懈的精神，並且時常檢視自己所做的每一件事情，是否有助於實現自我目標。換言之，我們應要求自己每完成一項工作任務，就具有向長期目標邁進一步的效果，因此只要腳踏實地、全力以赴地做好每個階段該做的事情，終究能實現最終目標，千萬不要好高騖遠或眼高手低，更不能為了想早日完成目標而急躁行事，畢竟沒有穩固基礎的成功，經常都只是曇花一現罷了。

② 管理組織團隊時，標準要一致、行動目標要明確，才能避免內部陷入混亂

從管理的角度來看，對待不同員工的標準不一、獎懲制度不一、管理方式不一，甚至是一名部屬同時被兩名上司指揮，都會導致組織團隊無所

適從、士氣潰散、做事效率低落的弊病，因此管理者必須盡可能讓內部管理標準一致化，確保組織團隊能集中力量，共同推動發展目標。此外，管理者在開始進行各種工作計畫之前，都必須先把目標量化、具體化，以便讓團體成員明確認知努力的方向，同時產生內部激勵作用，如此一來，即便日後遭遇到突發狀況，全體成員也能針對目標調整步伐，朝著既定的方向繼續前進。

Let's test ! 身處職場，你有被淘汰的危險嗎？

　　面對風雲變化的職場，你是否有被淘汰的危險呢？請回答以下的問題，測看看你現在的飯碗是否穩固！

1. 在你的工作崗位上，你的能力表現是他人眼中「非你莫屬」的人物嗎？　□Yes　□No

2. 你是具有敬業精神、認真工作的人嗎？　□Yes　□No

3. 你和你的工作團隊有配合默契嗎？　□Yes　□No

4. 你的老闆對待你的態度很好嗎？　□Yes　□No

5. 你與頂頭上司是否很合得來？　□Yes　□No

6. 如果你以前一直被邀請參加重大決策的討論，那麼現在還有被邀請嗎？　□Yes　□No

7. 公司關鍵人物決策時，會徵求你的意見嗎？　□Yes　□No

8. 你的公司培養你擔任一個更好的職務，並且告知你是下一個人選，而他們最終選用擔任這個職務的人還是你嗎？
□Yes　□No

9. 你仔細想想，最近管理層是否發生了人事異動？你屬於新管理層想任用的自己人嗎？　□Yes　□No

10. 你的老闆告訴職員說，他歡迎大家提意見。但是他對你的建議是否持歡迎態度？　□Yes　□No

11. 好差事總是被分配給其他的人？每次有挑戰性的任務，明明你是有望接手的人，上頭卻總是把任務分派給別人，並且常讓你在部門中負責較低層級的工作？　□Yes　□No

12. 管理層的每個人都不會向你透露消息，但他們看見你的時候是否有點神秘兮兮，甚至繞路而行？　□Yes　□No

13. 以前你總是因為出色的工作受到表揚，而現在每當你完成一項工作任務，是否會被告知沒有達到預期效果？
□Yes　□No

14. 你對工作不再充滿熱情，並且向別人透露過嗎？
□Yes　□No

15. 你是上班偷偷上網摸魚、經常愛請假的人嗎？　□Yes　□No

16. 在公司裡，你是那種「只會低頭拉車，而不抬頭看路」埋頭苦幹的人嗎？　□Yes　□No

17. 你認為自己是個精英，周圍嫉妒你的人不少，其中有和管理層相處甚密的人嗎？　□Yes　□No

18. 你不停地提出對部門的改進意見，結果你的意見是否石沉大海？　□Yes　□No

19. 公司調整薪資,你覺得自己業績不錯,但是卻沒給你加薪,
　　你發過牢騷嗎?　　□Yes　□No

20. 你的辦公室裡有專門挖洞給人跳的職場小人嗎?
　　□Yes　□No

 結果分析

評分標準:1~10題答「是」得1分,答「否」得0分;11~20題答
「是」得0分,答「否」得1分,然後將總分統計出來。

★總分在0~7分:

你的職場處境非常不樂觀,很有可能被淘汰出局!未雨綢繆是明智的
選擇,如果你不改正自己的問題,那就很危險了。

★總分在8~14分:

你處於模稜兩可的地帶,可能有被淘汰的危險,也許經過爭取,有留
下來的空間,但是你必須好好反思,吸取教訓,及早處理好工作中對
你不利的種種問題。

★總分在15~20分:

你暫時還沒有被淘汰的危險,但是面對風雲變化的職場,也不要掉以
輕心,要踏實經營自己的職涯路,坐穩眼前的位置,工作飯碗抓住了
才是你的!

Chapter

5

真金不怕火煉，
幫助你超越自我的經典定律

The principles of life you must know
in your twenties.

有句格言說：「失敗者任其失敗，成功者創造成功。」人生的際遇難
以預測，事業發展也總非一帆風順，面對人生低潮、事業瓶頸時，你
該做的不是暗自垂淚，憤怒不平，而是要仿效無堅不摧的鋼鐵寶劍，
從大火般的考驗中提升自我、超越自我，即使在風雨中，也能跨步向
前，昂首邁進。

5-1 了解應激效應的利與弊，做好壓力管理

身處現代社會，各種壓力經常存在於我們的日常生活之中，不過每個人的「抗壓能力」卻不盡相同。倘若論及壓力的來源與成因，除了個人因素外，外界環境的突然變動也會帶給人們不同程度的影響與刺激；以心理學的角度而言，在意料之外的緊急情況下，人們會產生極度緊張的情緒反應，繼而促使人們的行動變得積極，思路變得清晰明確，但也有可能干擾人們日常的身心活動，導致各類不良行為的發生，而這類情緒反應所引起的現象便稱為「應激效應」。

應激效應帶給人們的啟示是，適度的壓力可以帶動人們成長，甚至激發出潛在能力，但是沈重的壓力卻會引起焦慮不安、情緒低落、憤怒、恐懼等行為反應，造成人們身心崩潰、生活失序，而在面對快速變動的大環境時，如何讓壓力發揮正面益處、避免引起負作用，也就成為了職場上班族的必修課程。

應激效應（Stress Effects）
了解效應的正負兩面才能管理壓力

　　應激（Stress）一詞首先是由加拿大學者塞耶（Hans Selye）所提出，原先應用於醫學領域，後來被心理學家廣泛應用於解釋壓力或刺激對人們產生的影響。應激是全身性的適應性反應，對於人們有利也有害，而引起應激反應的事物稱為「應激源」（stressor），例如疼痛、飢餓、疲勞、情緒緊張、憂慮、恐懼、盛怒等等，都會對生理與心理產生刺激作用。

　　在日常生活中，每個人都會受到某些應激源的作用影響，只要這種作用的強度不會過強，持續時間也不會太久，那麼引起的應激反應將有利於個人的身心；好比擔心工作不能如期完成，促使人們對於時間與進度更加注意，繼而有效率地完成工作，又或者開車時遭遇濃霧，擔憂視線不良可能引發事故，因此放慢車速行駛，大幅降低可能發生的危險。這類應激反應能讓人們有效因應生活中的困難局面，故而又被稱為良性應激。

　　與此相反的，如果應激源的作用過於強烈、過於持久，人們一旦出現難以承受或無法適應的狀況，就有可能造成心理與生理的異常，嚴重的話更將引發身心疾病，危及個人的健康與生活。好比自身的工作業績停滯，其他同事的業績卻不斷提升，於是在競爭壓力與失去工作的焦慮中，很可能造成注意力下降、自信心受損、寢食難安等不良

影響，結果反倒讓工作表現更差，身心持續飽受煎熬，此時若能利用調整心態、改變工作模式、安排放鬆身心的活動、尋求專業諮詢等方式，將有助於緩解壓力，及時恢復身心的平衡。

由於我們不可能阻斷大多數的外界應激源，因此與其抗拒排斥，不如充分了解應激效應的兩面性，讓自己保持適度的緊張狀態，化壓力為助力，使自己不斷進步，同時應懂得適時抒解壓力，避免陷入過度緊張、壓力超載的狀態。

擔心被社會淘汰？學會化壓力為助力

現代社會是資訊爆炸的時代，無論知識還是技術都是日新月異，資訊更新周期也縮短到不足五年，這常讓許多人陷入焦慮狀態，擔心自己萬一跟不上大環境的變遷腳步，恐怕就會慘遭社會淘汰，尤其隨著年紀增長，人們更加容易意識到各種生存條件的嚴苛。這也意味著外界的快速變動、多元刺激成為了應激源，每個人多少都承受著來自生活、職場、群體社會的壓力，但正如應激效應所揭示的道理，對於「競爭」保持適度的緊張狀態，可以幫助自我成長，而想要與時俱進，提高自我的環境適應力，最根本的做法就是抱持「終身學習」的心態，讓自己隨時保持求知欲與進取心，不斷學習新知，自我更新。

福特汽車公司創始人福特（Henry Ford）在少年時代，曾在一家機械商店當店員，雖然月薪不高，但他每個月都會購買關於機械知識的書籍補充新知；當他結婚時，個人資產除了五花八門的機械雜誌和

書籍外，沒有任何其他值錢的東西，然而正是這些書籍，使得他在夢想已久的機械世界中不斷邁進，最後成就了一番大事業。功成名就之後，福特說：「對年輕人而言，學得將來賺錢所必需的知識與技能，將遠比積蓄財富來得重要。」

無獨有偶的，香港首富李嘉誠也曾說：「現今跟數十年前相比，在通往成功的道路上，知識和資金已經發揮了完全不同的功用。置身知識經濟的時代裡，如果你有資金，但缺乏知識，沒有最新的訊息，無論從事何種行業，你越是打拚，失敗的可能性就越大，但是你如果只欠缺資金，卻擁有足夠的知識，那麼小小的付出就能夠有回報，並且很有可能獲得成功。」

早在十七世紀時，英國哲學家培根（Francis Bacon）就提出了「知識就是力量」的著名論斷，而當知識經濟時代來臨，無疑宣告了「學習即生存」，不過很多人在步入社會之後，經常為了工作與生活而拚命忙碌，忽略了「持續學習」不僅是人生發展的重要環節，也是因應外在競爭壓力的有效利器。事實上，綜觀成年人慢慢被時代淘汰的最大原因，不是年齡的增長，而是學習熱情的減退，然而，人生就是不斷接受挑戰、不斷成長、不斷完善的過程，唯有妥善利用應激效應的正面效果，學會將競爭壓力轉化為成長助力，讓自己把學習和生活融為一體、不斷自我充電，活到老學到老，我們才能在面對外界的變動時從容面對，也才能在不同的人生階段中游刃有餘，享受生命。

壓力過大，心力交瘁？對於應激反應綜合症務必保持警覺！

在步調快速的現代社會中，關於壓力過大導致身心失調的案例經常出現，甚至我們身邊也有不少人因此求助於精神科門診，而依據研究報告和臨床經驗的統計數據指出，十大常見的精神壓力來源若以強度來說，分別是喪偶、離婚、分居、入獄、親屬死亡、受傷或生病、結婚、失業、夫妻和解及退伍，儘管每個人對於這些應激源所產生的反應不盡相同，但面對壓力來襲的時刻，我們都必須注意自己是否產生了「應激反應綜合症」。

有位剛跳槽到新公司的部門主管，因為工作環境的改變、高度的自我期望，以及公司內部的激烈競爭，令他常感覺到工作壓力比以前大，並且擔心自己要是表現不佳，隨時會被降職或開除，所以每天都像機器人一樣賣力工作，只是隨著筋疲力盡的情況越來越多，他也出現了失眠、做惡夢、記憶力下降、煩躁不安、焦慮易怒的狀況，連帶地也讓工作、家庭、日常生活陷入混亂，而這些現象正是應激反應綜合症的典型表現。

應激反應綜合症是伴隨著現代社會發展而出現的病症，直到近些年才受到世界各國的注意。這種病症不僅與現代社會的快節奏有關，也與長期反覆出現的心理緊張有關，例如擔心被老闆開除、憂慮自己被社會淘汰、害怕不受他人重視、無法拒絕自己不想做的工作、擔憂貸款繳不出來的經濟壓力、家庭關係不和睦、人際關係差、自我期望

過高等等，這些心理負擔往往會影響到生理，進而出現某些較易察覺到的綜合症先兆，像是——睡眠品質極差、容易疲勞、情緒激動、焦躁不安、愛發脾氣、多疑、對外界事物興趣減退、對工作產生厭倦感等等。國外有關專家研究後認為，對自身抱持高度期望、自我心理調適能力較差的人，比較容易罹患應激反應綜合症，而有效降低綜合症的發生機率，則必須從心理上的自我調適開始做起。

　　首先，我們應了解現代社會凡事講求高效率，勢必也帶來了高度競爭、高挑戰性以及其他衍生的負面影響，對此做好足夠的心理準備，甚至預先設想某些狀況發生時的因應對策，可以避免問題真正發生時驚慌失措，加重內心壓力；其次，對自己要有正確的自我期望，生活與工作要能勞逸均衡，假如遇到衝突、挫折和過度的精神壓力時，要懂得自我調適與排解，適時安排一些放鬆身心的活動，可以幫助我們消除負面情緒，保持身心平衡；最後，盡量讓自己保有正常的感情生活，往往家人、朋友、伴侶之間的相互關心和愛護，都會是人們快速走過身心低潮的精神支柱。

　　總結來說，現代生活中雖然存在著各式各樣的壓力來源，但正如著名心理學家詹姆斯（William James）所說的：「我們這個時代最重大的發現，就是人能藉由改變自己的心態，進而改變一生。」無論你在生活還是工作上承受著何種壓力，有時僅僅一個念頭的轉換，就能讓你對壓力來源有截然不同的感受，隨之採取不同的因應作為，因此多多善用應激效應的正面效果幫助自己成長，同時學會紓解身心壓力，我們才能與壓力和平共處，繼而創造愉快、健康、快樂的人生。

① 給予自己合理的期許，將壓力轉化為成長與攀升的燃料

　　以心靈層面來說，外界壓力之所以能產生刺激作用，源自於人們內心的需求、欲望與自我期許，因此適度的壓力刺激能帶動自我成長，並且使人發揮潛在才能，讓人更有動機與衝勁去完成個人目標。值得注意的是，對於自己的期許和個人目標，必須符合現實狀況與個人能力，往往理想過高容易引發嚴重的挫折感，反而陷入壓力牢籠。

② 成也壓力，敗也壓力！運用應激效應要拿捏他人的承受度

　　無論是日常社交、商務洽談、管理部屬，或是與他人合作共事，有時適度施加給他人一些壓力，可以促進目標的達成，然而與此同時，我們也要依據實際狀況，檢視自己對他人提出的要求是否合理、希望對方達成的目標是否務實可行，並且留意對方的情緒反應是否出現強烈反彈，以免弄巧成拙，引發反效果與不良影響。

最適合你的紓壓方式？

　　你接受朋友的邀請，一起搭乘遊艇出海去玩。你們在海上海釣一陣子之後，就決定先暫時休息一下。於是你們便把錨拋下，在海上預定停留兩個小時左右。這時候，你會選擇在船的哪裡休息呢？

　　A. 到船的最上層去

B. 到船頭的甲板上去

C. 到船艙裡面去

D. 到船尾去

★A. 到船的最上層去

希望在高的場所休息的你，就表示你很在意在別人面前的表現。為了滿足自己的欲望、為了消除自己的壓力，就算是只有感到稍微的心情不好，你可以去吃吃自己喜歡的食物或是逛逛街買買東西等，都可能轉變你的情緒。只要心情一好起來，相對的你的工作能力就會發揮得非常順暢。

★B. 到船頭的甲板上去

會選擇在船頭部分的人，在你的心底深處，一直都抱著：「想要到外地去旅行。」的念頭。所謂的船頭這個地方正代表著想移動的願望；建議你不妨到國外走走或是泡泡溫泉也不錯。如果這兩樣都暫時沒辦法實現，那去看海也是很好的紓壓的方法。相信若是那樣做，你的壓力就會被風吹散了。

★C. 到船艙裡面去

船艙是乘客聚集的地方，也就是傳達訊息的地方。會選這個答案的人，基本上你很想和大家一起快樂的度過。當然最適合你的消除壓力的好方法就是和朋友們喧鬧地聚在一起。當你感到鬱悶或是心情欠佳的時候，不妨以你為中心辦一個聚餐或是唱唱卡拉OK也不錯。在朋友們面前把你心中不滿的話全部都倒出來之後，你的壓力也會消除許多

吧？

★D. 到船尾去

會選在船尾，就表示你現在的精神和體力都相當地疲勞，做什麼事都提不起勁來做。這樣的你最適合休息的方式就是：把你的電話線拔掉！將工作或是課業都暫時拋到一邊去；一個人優閒地度過。如果什麼都不做無法讓你靜下心來的話，建議你可以看看書或是DVD，也是非常有效果的。這樣過個兩、三天之後，等到你的心中有「想做事的感覺」時，再開工吧！

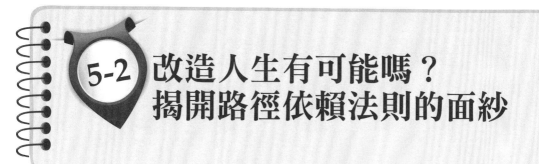

5-2 改造人生有可能嗎？
揭開路徑依賴法則的面紗

如果你曾經看過馬戲團裡的大象表演，將會吃驚於一隻能夠輕鬆抬起一噸重物的成象，居然會被鐵鍊拴困在小木樁上。事實上，成象可以不費吹灰之力就把鐵鏈拉斷，但是因為牠在還是幼象時就展開訓練，早已導致牠們慣性地認定鐵鏈「絕對拉不斷」，因此即便成長為力大無比的成象後，幼時的經驗與記憶也會讓牠們不再去拉扯鐵鏈。仔細想想的話，人們不也常被制式觀念的鐵鍊給困住手腳，進而畫地自限，限縮了自我人生的發展嗎？

在日常生活中，很多人會感覺自己每天都在做同樣的事，日子不是過得單調平凡，就是庸庸碌碌，彷彿人生只能這樣制式化地延續下去。假使想做出不同選擇開展新道路，讓生活改變得更加符合自我的理想，又常習慣性地找尋藉口抗拒改變，時日一久，這類僵化的慣性思維與行為模式就更難以扭轉，但是身處快速變動的現代社會，隨時都有新事物、新知識、新科技的誕生，要是無法保持開放心態與彈性思維，一味地因循守舊，將會使人失去許多發展機遇。

那麼，為什麼有些人對於做出改變、做出不同選擇，或是接納新

事物會感到困難呢？以心理學角度而言，這是「路徑依賴法則」發生了作用。

路徑依賴法則（Path Dependence）
可以設定你的人生發展

What is it?

　　首位明確提出路徑依賴法則的是美國經濟學家諾斯（Douglass C.North），他創立了制度變遷的「軌跡概念」，目的是從制度的角度解釋，為何不是所有國家都走上同樣的發展道路？為何有的國家明明長期陷入發展不發達的狀況，卻又總是走不出經濟制度落後、效率低落的困境？

　　諾斯考察西方近代經濟史以後，發現一個國家在經濟發展的歷程中，制度變遷存在著「路徑依賴」現象。他認為路徑依賴法則類似於物理學中的「慣性」，一旦人們選擇進入某一路徑，就可能對這種路徑產生依賴，而無論這種路徑是好是壞，慣性力量將促使人們朝著既定方向前進，並在過程中不斷自我強化這樣的路徑選擇，這意味著要改變前進方向並不容易，因為人們會企圖以各種方式證明自己的選擇是正確的。

　　更進一步來說，路徑依賴指的是一種制度一旦形成，不管它是否

有效，都會在一定時期內持續存在，並且影響之後的制度選擇，這就好像進入一種特定的路徑後，制度變遷只能按照這種路徑走下去，而往往好的路徑會產生正向回饋作用，使得情況朝向良性發展，與此相反的，不好的路徑便產生負反饋作用，導致情況發展可能被鎖定在某種低層次的狀態。

人生無法回頭，但可以打破路徑依賴，開展新道路

路徑依賴法則帶給人們的啟示是，當你做了某種選擇後，慣性力量會使你自我強化選擇的正確性，從而讓人較難做出改變，因為一旦做出改變，有些人會感覺這像是承認自己先前做出了錯誤的選擇，又或者是做出改變的誘因不夠、風險太高，不如按照既有路徑行事就好，無形中，人們過去做出的選擇，經常會決定了現在及未來可能的選擇。

舉例來說，今日歐美多數鐵路車軌的寬度標準，其實早在兩千年前便已經決定了。美國鐵路的鐵軌標準間距是4.85英尺，之所以設定這個寬度標準的原因是，美國鐵路早期是由英國工程師所修建，而這批英國工程師原先專長是建構電車，於是設計時便採用了英國電車的車軌規格。至於英國電車的車軌間距為何制訂在4.85英尺？因為最初建構電車的人是以製作馬車起家，所以沿用了馬車的輪寬標準，而這個標準又是誰制訂的？答案是兩匹古羅馬戰馬所定的！

在歐洲包括英國的長途老路，都是由羅馬人為軍隊所鋪設，4.85英尺正是戰車的寬度，也就是兩匹戰馬並行時的寬度，如果用不同的輪寬在這些路上行車，輪子的壽命普遍都不長。附帶一提的是，美國航空飛機燃料箱附帶了兩個火箭推進器，它們的寬度也是4.85英尺，因為這些推進器造好之後要用火車運送，所以助推器的寬度也以鐵軌寬度作為標準了。

透過上述的例子，我們不難發現路徑依賴定律產生的影響力，而對個人來說，當我們做出某一個人生選擇後，生活軌道可能也就只有4.85英尺寬，就算事後我們並不滿意這個寬度，往往也很難從慣性中抽身而出了。

人生中的每次選擇，通常會影響到下一個選擇，每個選擇又都影響著人生的往後發展，但是沒有人能確保自己永遠做出正確選擇，有時由於時空條件的轉換，也會使人面臨必須另做選擇的局面，而路徑依賴定律提醒我們，事情的理想狀態是一開始就做出明智選擇，正所謂好的開始是成功的一半，如果發現走錯路徑、不滿意當下狀態，最有效的解決方式是：打破路徑依賴，走出新局！

多一點冒險的勇氣，多一點改變的決心，人生可以有許多不同的可能性

在現實生活中，當人們長期處於相對穩定的生活環境，久而久之就會形成固定的思維模式，這導致人們習慣從相同角度來觀察並思

考事物，而慣性思維又決定了行為模式、生活走向的一致化，比方我們經常聽到有人對生活與工作抱怨連連，但如果問他們要不要採取行動改變，他們會用各種理由回絕，並且認為不管做什麼事情都不可能獲得改變，甚至說：「沒辦法，反正日子就這樣過。」或是「我對將來不抱期待，只求現在安穩就好。」但總是讓自己處於停滯不前的狀態，並在毫無期待、沒有目標的狀態下過日子，不過是虛度人生而已。

　　從某種角度上來說，這種僵化的思維與生活方式也是一種路徑依賴的呈現，這意味想要打破路徑依賴，讓自我人生有好的轉變，最重要的第一步就是擺脫慣性思維的箝制。有人曾說：「一切的成就、一切的財富都始於一個意念。」這也就是說，當你習慣為自己樹立起一道牆，並且告訴自己無論如何它都難以超越，那就真的是超越不了了；如果你不滿意當前的生活現狀，或是想在某方面突破自我，唯有衝破固有的思維樊籬，下定決心去改變它，才有可能開創出嶄新的天地。

　　固然每個人對理想人生與幸福生活的定義都不一樣，但一生中都會碰到許多需要做出選擇的機會，也都會有追求美好、完善自我發展的需求，而正如一句古老的諺語曾說：「仔細觀察海龜，你會發現當牠把頭從龜殼裡伸出來時，牠才能夠向前爬行！」我們不應把自己困在慣性的思維牢籠裡，限制了人生的出路與諸多的可能性，我們也不必埋怨環境與條件不佳，而是要努力地創造有利條件，唯有適時打破生活中的各種路徑依賴，勇於冒險，敢於創新，不斷超越過去的自

己，我們的生活才得以精彩充實，人生也將有全新的視野。

路徑依賴法則你可以這樣用！

① 盡可能讓事物有好的開端，一旦發現軌道偏差，要即刻糾正

常言道：「萬事起頭難。」路徑依賴法則告訴我們，對每一件事而言，擁有一個好的開始非常重要，只要方向正確，自我強化效應將讓情況持續地良性發展。以個人來說，每個人都應根據自己的特長、環境條件、才能、素質、興趣等等，確定自己的人生進攻方向，當你鎖定一個目標後，確立良好的開端，朝此邁進，可以提高目標實現的機率。對管理者而言，在做出任何改革決策時，要慎之又慎，不僅要考慮決策執行後的直接效果，也要研究長遠的影響，一旦發現執行路徑出現偏差，要盡快採取措施加以糾正，以便讓情況回到正確的軌道上，避免積重難返的狀況出現。

② 保持彈性思維，適時轉換觀點，創造逆轉勝的契機

人類有95%的行為是由慣性思維所主導，慣性思維的定型化常讓人們產生惰性，同時迴避創新與改變，因此當事情持續往負面發展時，人們寧願背負著沈重的包袱，繼續走在錯誤的路徑上，結果反而越來越難以脫身。事實上，重複相同錯誤的路徑卻希冀獲得不同結果，無疑是不智的想法，過去的選擇即便出錯了，我們也不應為打翻的牛奶哭泣，反而要即時放眼未來，擺脫慣性思維的箝制，勇敢打破路徑依賴，嶄新的機遇才有可能出現。

Let's test !

你是否老是生活在過去？

　　你有多大程度是生活在過去呢？請回答以下的十二道問題，將你選擇的A、B、C、D每項總數寫下來，看看你是否對過去念念不忘。

_____1.　你反覆談論過去發生的事情的頻率是多少？

　　A. 人們早已聽煩了你的故事，只是出於禮貌仍會聆聽，但是你對此卻絲毫沒有注意到。

　　B. 當過去的事情能幫助你闡明觀點時，你會再次提起這件往事。

　　C. 有時人們問及你的過去，但是你會有意避開這個話題。

　　D. 如果聊天話題牽涉到過去，你會順便談論一下。

_____2.　你是否發現自己在抱怨物價時，常會提及哪些東西從你小時候到現在已經漲了很多？

　　A. 經常抱怨

　　B. 偶爾

　　C. 你已記不清過去那些東西的價格了

　　D. 從不抱怨

_____3.　假設許多年前，你曾經失去了最喜歡的寵物，這對你的影響是——

　　A. 你從此再也沒有養過寵物，因為你無法面對失去的痛苦。

B. 你後來又養了寵物，只是和原來飼養的生物不一樣。

C. 因為你失去了對養寵物的興趣，所以再也沒養過。

D. 之後你又養過寵物，而且也非常喜歡牠們。

___4. 你是否喜歡嘗試新鮮事物，比如新上市的食品、服裝、旅遊路線等？

A. 你更喜歡固守那些你知道的和喜歡的事物。

B. 有時你會嘗試一些新鮮事物。

C. 你對於食品或其他經歷沒有太多的特殊偏愛，順其自然。

D. 你的興趣很廣，你很好奇，願意冒險嘗試。

___5. 假設你的數學老師曾說你對數學沒有天分，繼續教你一點意義也沒有。你對此有何反應？

A. 你相信他說的話，從此不再學數學。

B. 你盡了最大的努力讓自己的數學及格。

C. 你盡量避免接觸數學，即使這限制了你的某些選擇。

D. 你找人對你因材施教，所以數學並沒有成為你的絆腳石。

___6. 你是否因為別人說過你的壞話而一直耿耿於懷？

A. 你的記憶力非常好，你從來都不會忘記這些話。

B. 你努力想忘掉它們，但有時這些話又會出現在你的腦海裡。

C. 認為別人怎麼想，都不關你的事。

D. 你會再去想其他事情直到它們從你的記憶中消失。

_____ 7.　你對學習新知識、發現新資訊或者提高自己的現有能力，有多大的興趣？

　　A. 你很少讀書、參加培訓講座或看一些教育性節目，你更喜歡實際的生活。

　　B. 你喜歡讀書和看電視上的一些節目。

　　C. 你認為正統的學習與你目前的生活不相關，是在浪費時間。

　　D. 你很願意學習，如果有機會你就會參加培訓課程，並且你總是隨身攜帶一本書。

_____ 8.　你能積極地接受新資訊嗎？

　　A. 有人常抱怨把事情告訴過你了，但你卻不記得，或者抱怨跟你說事情時，你心不在焉。

　　B. 有時你會發現接納新的知識會讓你力不從心。

　　C. 你對此並不是很感興趣。

　　D. 你喜歡接觸新觀點，喜歡通過接受新的知識來挑戰自我。

_____ 9.　你在多大程度上生活在現實當中？

　　A. 你發現自己經常會陷入對過去和未來的冥想中。

　　B. 你生活在現在，但你會經常回想過去。

　　C. 你生活在現在，過去的就讓它過去吧。

　　D. 你盡量使自己生活在現在，但你會借鑒過去。

_____ 10.　你有多健忘？

　　A. 你的長期記憶比短期記憶要好得多，你容易忘記一些日常瑣事。

B. 你可以記住一些事而忘記另外一些事。

C. 如果你不把事情寫下來安排好，你就會丟三落四。

D. 你可以記住那些重要的事情。

___11. 你有沒有覺得自己經常身處同一種情景之中，或者老是面對同一個問題？

A. 會，一定會。

B. 會，有些事情會在你不經意間重複發生。

C. 沒有。你在努力前進，忘卻過去，從不重複過去。

D. 當這種情況發生時，你會試著去理解狀況，釐清自己是以何種模式讓事情重複發生。

___12. 在你開始一個新的戀愛關係後，你是否發現這個人總是讓你想到之前的戀人？

A. 你僅僅有過一次正式的愛情；不過，你的戀人們有一些相似之處。

B. 你想選擇不同的人來做朋友，但你會發現他們比你開始想像得要具備更多的相似之處。

C. 每個人都是不一樣的。

D. 有些地方不一樣，有些地方相同；你會努力回想是什麼決定了你的選擇。

結果分析

★選擇A項比較多的人：

在自己年輕時或童年時曾有過一些重大經歷，不管什麼原因，你還沒有完全從這些經歷中走出來。你的觀點也許會比較保守，你拒絕變化，拒絕接受新的知識，因為這些東西讓你感到不舒服、害怕。你不會讓自己的信念受到挑戰，只有在安全的前提下，你才會接納變化，但你不喜歡強加在自己身上的東西。

★選擇B項比較多的人：

你可能還沒有意識到自己一直生活在過去中。過去的記憶會悄悄回到你的腦海中，分散你的注意力。也許過去有些事情值得你去注意和理解，但你在過去的這些年中，有沒有把自己從回憶中解脫出來，或者告訴自己別傻了，就這樣順其自然吧！你不像自己認為的那樣有邏輯，經常受到情感的困擾。多給自己一些空間來探索自己真正的想法和感受，你會發現事情會有不同的結果。

★選擇C項比較多的人：

你對過去的態度是一成不變的，過去了就是過去了，你不想再讓自己陷進去，然而為了防止過去的事情影響到你，你也付出了全部的精力，有時結果反而妨礙了你接納新的知識，阻礙你去改變。你無法容忍任何事情威脅到你苦心經營的平衡現況，即便是過去的事情又出現在你的腦海中，你也會設法輕鬆地面對它們。

★選擇D項比較多的人：

你很有洞察力，所以很清楚過去的事情對你的影響。你從過去的經歷中吸取經驗，對那些重複過去的模式很感興趣。你很明白自己的過去，也知道它怎樣塑造了現在的你，這種能力被稱為「自傳能力」。你會知道自己來自於哪裡，這也就幫你搞清楚了自己該去哪裡；你可以進行新的選擇，因為你了解自己過去所做的選擇和做這些選擇的理由。

參加過馬拉松長跑比賽的人都知道，這是一種體力與意志的比賽，尤其意志力又勝過體力，有些人會因為意志力不足，在體力還足夠時就退出比賽，也有些人本來居於領先，卻在不知不覺中慢了下來，轉而被後面的選手趕上，因此有經驗的跑者會選擇跟著某位對手前進，藉以激勵自己別慢下來，同時也自我提醒別衝得太快，以免力氣過早耗盡。這也是為何馬拉松比賽過程中常出現一種現象，就是跑者們會先形成一個個的小集團，然後再分散成二人或三人的小組，過了中點後，這才慢慢出現領先的個人。

其實長跑選手把某位對手當成追趕、超越的目標，不僅是一種比賽策略，也是有效的自我激勵之道，而這與管理心理學中的「馬蠅效應」有著異曲同工之妙。馬蠅效應是指，一匹馬如果沒有被馬蠅叮咬，就會慢慢地走走停停，但要是被馬蠅叮咬了，牠會因為疼痛的刺激而跑得飛快；這帶給人們的啟示便是：如果想持續成長、實現個人目標，首先就是不能害怕挑戰，並且要懂得給予自己適當的激勵和刺激，讓自己保持「被叮咬」的心態，就不會落入不思進取、發展停滯

的窘境，才能持續超越自我，向上提升。

善用馬蠅效應（Horse Flies Effect）
強化追求進步的動力

What it is?

　　馬蠅效應的典故來自美國前總統林肯的一段經歷。一八六〇年，美國總統大選結束幾週後，有位銀行家看見參議員蔡斯（Salmon Portland Chase）從林肯的辦公室走出來，隨後銀行家對林肯說：「你不要將此人選入你的內閣。」林肯不明所以，追問原因，銀行家答道：「因為他認為他比你偉大得多。」林肯又問：「你還知道有誰認為自己比我偉大的？」銀行家坦言不知道是否還有其他人這麼想，同時又對林肯的提問感到奇怪，林肯笑著回答說：「因為我想邀請他們入閣。」

　　事實證明，銀行家的話確實有所根據，然而，蔡斯即便狂態十足卻也是一位能人，因此林肯就如自己所說的，最終還是將他延攬入閣，出任財政部長，與此同時，也盡力避免兩人之間產生摩擦，不過蔡斯的態度並未有所改變，仍然一心想謀求總統職位。後來《紐約時報》主編拜訪林肯時，特別針對這件事與他進行討論。

　　林肯的答覆是：「有一次我和我的兄弟在老家的一個農場犁玉

米地，我負責吆喝馬，而他扶犁。一開始的時候，那匹馬很懶惰，可是後來不知道怎麼跑得飛快，快得連我這個長腿的人都差點跟不上。結果我發現原來是有一隻大馬蠅叮在牠身上，於是就伸手把馬蠅打落了。我的兄弟看見了，就問我為何要把馬蠅打落？我告訴他我不忍心讓馬被咬啊。沒想到他說就是因為有馬蠅這樣一咬，才讓馬認真工作起來啊！」林肯意味深長地說：「如果有一隻叫總統欲的馬蠅正叮著蔡斯先生，並且讓財政部門因此不停地認真工作，那麼我就不會選擇去打落馬蠅。」

　　馬蠅效應告訴我們，無論是管理他人還是追求自我成長，抱持良性的「競爭意識」不僅能激發潛力、保有活力，也能強化要求自我提升的動機，帶動持續性的發展，這也意味著找出最能激勵自己的「馬蠅」，使自己處於不斷奔跑、不斷前進的狀態，才能更好、更快地實現各種目標與理想。

肯定各類「競爭對手」的存在，突破自我極限！

　　加拿大有一位享有盛名的長跑教練，由於他能在很短的時間內培養出好幾名長跑冠軍，因此許多人紛紛討論他可能是用特別方式來訓練長跑選手，三不五時都想向他探詢訓練祕密，結果誰也沒有想到，他成功培訓選手的關鍵在於「陪練員」，不過這陪練員可不是教練本人，而是幾隻凶猛的狼。

　　話說一開始，這位教練為選手們擬定長跑訓練計畫時，不管規劃

內容有何不同，每天早上訓練的第一課，都是要求選手踏出家門後必須跑步到訓練場集合，而且途中不能借助任何交通工具，然而，在這群選手當中，教練對某位選手特別感到苦惱，因為他幾乎每天都是最後一個到達訓練場，問題是他家並不是距離最遠的，這也表示他的體能狀態與心理狀態都需要進行調整。

就在教練準備跟這位選手長談一番的早上，發生了一件令人意想不到的事。以往這位老是在集合時間遲到的選手，竟然比其他人早到了二十分鐘，教練知道他離家的時間，推算了一下便驚奇地發現，這位選手當天的長跑速度大有打破世界紀錄的可能性。當其他選手紛紛抵達訓練場後，教練聽到這位選手正在向隊友們講述早上的遭遇，原來他跑步離開家門不久後，經過了一段長達五公里的野地，沒想到忽然有隻野狼冒出來，還跟在他後面一路追趕，情急之下，他只能拚命往前跑，最後居然把野狼給甩開了。

這下子教練明白了！這位選手之所以能表現出超常速度，就是因為有這隻野狼的追趕，促使他把所有的潛能都發揮出來。此後，這位教練聘請了一個馴獸師，並且找來幾隻狼當陪練員，每當訓練的時候，選手們就與陪練員一同奔跑，不久之後，選手們的成績都大幅度地成長。

上述的這則故事，不僅說明了馬蠅效應的精神與意涵，也表明了我們在面對生存和發展時，競爭對手有其存在的必要性，如同曾有人說：「一匹駿馬如果沒有另一匹馬的緊緊追趕與試圖超越，牠就永遠不會疾馳飛奔。」許多人經常抱著「過一天算一天」的心態過日子，

對於未來沒有規劃，對於人生也沒有任何期待，而如此隨波逐流的後果，不僅會失去對生活的熱情與信心，也將難以提升生存的優勢與能力，導致自我人生的發展停滯不前，然而要是能為自己找尋「競爭對手」，情況就可能為之改觀。

許多時候，人們會將競爭對手視為是自己成功的障礙，甚至當成眼中釘、肉中刺，恨不得除之後快，但是聰明的人卻懂得轉換角度思考，認為自己擁有一個強大的對手是種福分，使得自己能時刻保有危機感，增加獲取成功的動力，激發潛在的鬥志，突破自己的極限。事實上，所謂的競爭對手不一定是指工作職場上的競爭者，也可以是我們想要超越自我、激勵自我的事物。例如，一個口語表達能力不好、上台演講會緊張吃螺絲的人，如果想讓自己有所進步，他可以將「流暢發表感言五分鐘」作為挑戰目標，也可以將某位演講大師當成自己想仿效的典範人物，藉以從中學習，增長自我的經驗與能力，只要有了目標，前進的道路就會清晰而明確。

英國政論家柏克（Edmund Burke）曾說：「競爭對手是使我們常保憂患意識、不斷向上提升的助力。」身處快速變動的現代社會，一成不變、安於現狀容易使人遭遇到被社會淘汰的命運，一旦失去打拚的鬥志，成長與進步反而離自己越來越遠，因此適時替自己在工作與生活中找尋超越的目標，勇於挑戰對手，並虛心向對手學習，取其所長，補其所短，讓對手的經驗為我所用，使自己得到長足的發展，我們將能持續完善自我，發揮人生真正的意義與價值。

馬蠅效應你可以這樣用！

① 提醒自己保持「被叮咬」的狀態，持續前進，超越自我

一個人的進取心可以創造進步，外在的競爭也可以敦促他成長。面對生活中的各類競爭，我們應克服害怕失敗的心理，學會以積極正面的角度予以看待，並在工作與生活中設定合理的超越目標，讓自己持續保持前進動力，與此同時，我們也必須學會將競爭帶來的刺激，轉化為自我向上提升的助力，往往透過錘鍊自我、強壯個人的過程，不僅可以增長能力與智慧，也能帶領我們不斷超越過去的自己。

② 管理團隊要善用馬蠅效應，激發成員的動力

團隊的管理者都必須懂得激勵之術，而想要激發團隊成員的工作熱情、促進整體組織發展，適時放入「馬蠅」讓成員產生動力不失為一種好方法，好比給予明確的工作目標、設立獎勵制度、滿足成就感等等，值得注意的是，同樣的外部刺激未必讓所有成員都能產生正向反應，因此要依據實際情況，適時調整激勵的做法，避免馬蠅叮咬過度，造成內部成員精疲力竭，深陷痛苦，反而弄巧成拙。

Let's test！測一測在困難面前你能保持淡定嗎？

Q1. 假如你是一名攝影師，你最注重於拍攝模特兒的哪個部位呢？

五官→Q2

身材→Q3

Q2. 你會把每天的心情和經歷分享在部落格或臉書上嗎？

不會→Q3

會→Q4

Q3. 當你和你的男/女朋友計畫外出旅遊時，你會選擇下面哪個地方呢？

都市→Q4

遺跡→Q6

海邊→Q5

Q4. 你對自己的文筆有一定自信的嗎？

沒有→Q6

有→Q5

Q5. 你對烹飪十分感興趣嗎？

不是→Q6

是的→Q7

Q6. 你對重口味的故事十分感興趣嗎？

不是→Q8

是的→Q7

Q7. 假如你所住的城市遇上了生化危機，你該怎麼辦？

看開了，大不了大家一起死→Q8

躲在屋子裡不出去→Q9

死命逃離這個城市→Q10

Q8. 以下哪個場合對你而言比較尷尬？

上台時不小心跌倒→Q9

在重要的聚會上遲到→Q10

Q9. 下面兩個故事，你比較喜歡哪個呢？

超人→Q10

美人魚→B型

Q10. 想像自己把一塊石頭扔到湖中，你覺得接下來會怎樣呢？

咚的一聲後就安靜下來→A型

泛起微微的漣漪→C型

濺起很高的水花→D型

★A型四大皆空者

你是一個很有思想內涵的人，在困難面前你總是能夠用積極樂觀的心態去開導自己，把困難視為一種成長經歷，人生的一種過程。你篤信「船到橋頭自然直」，不論什麼困難都能找到解決方法，只要保持好的心態靜觀其變，一切困難都會漸漸雲開月明。

★B型悲觀主義者

你是一個外表強硬的人，但是因為自我塑造出的堅強形象，你會承受更多壓力，因此你的內心也比別人更為脆弱。一旦面臨困難，你表面

上還能維持鎮定，但是內心卻驚慌不已，會一直往悲觀的地方去想。不過你的奮鬥精神會讓你選擇迎頭痛擊，一搏成敗。

★C型萬全準備者

你是一個有長遠眼光的人，深謀遠慮的你隨時處於警覺狀態，不論什麼事情都會考慮得很周全，做好兩手準備，以俾能從容面臨失敗的局面。一旦困難來臨，早就做好了心理準備的你會十分淡定，按照之前已經規劃過的想法一一解決。

★D型驚慌失措者

你的心理素質還有待加強，安於現狀的你平常只顧著享受安樂的當前，而忽視了困難也會有來臨的那天，當突發狀況來臨時，會馬上傻住，腦袋一片空白，完全不知道如何反應，需要一陣子回神後才能進行下一步動作，也就是說你的危機意識極待加強。

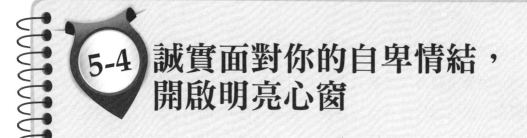

5-4 誠實面對你的自卑情結，開啟明亮心窗

世上沒有人是十項全能、完美無缺的，無論是外在條件、家世背景、工作能力、家庭關係乃至於個人性情，每個人都會有感覺自我欠缺甚至引起「自卑情結」的部分。比方在日常生活中，有些人自覺外貌不佳而不敢追求心儀的對象，有些人因為對個人能力沒自信，而主動放棄追求更好的生活，也有些人工作能力不錯，卻常因不擅長口語表達而迴避當眾發言，結果錯過不少自我表現的機會。

如果靜心思索，或許你也能發現自己在某方面存有自卑感，有時可能還因此左右了你的日常行為模式，甚至讓你的人生出現各種坎坷。依據統計指出，有高達九十二％的人會因為陷入自卑感困境，導致生活各層面受到影響。自卑感是一種認為自己在某方面不如他人的消極情感，並且經常伴隨著自我能力、自我價值的習慣性貶低，因此一個具有強烈自卑感的人，很容易對自己喪失信心，常常認為自己事事不如別人，時日一久，就會出現悲觀、失望、不思進取、自暴自棄、憂鬱、孤僻等身心現象，而一個被自卑感控制的人，不僅精神生活將受到嚴重束縛，他的才能與創造力也會因此限縮，對於自我人生

的發展更是影響深遠。

　　心理學家認為，多數人常認為自卑感只會出現在失敗者身上，但實際上，成功者也存有自卑之處，差別只在於面對自卑時，二者採取的因應態度可能有所不同；換言之，人類的共通點是擁有與生俱來的自卑感，我們是否能正視自己的自卑情結，並以正確態度加以面對與處理，將會決定我們的生活品質與人生走向。

自卑情結（Nferiority Complex）
了解它，才能踏出克服與超越的第一步

What is it?

　　著名奧地利心理學家阿德勒（Alfred Adler）是個別心理學的創始人，他在《自卑與超越（What life should mean to you）》一書中提出了富有創見性的觀點，他認為人類的所有行為均是出自於自卑感，以及對於自卑感這種生存危機的克服和超越。

　　阿德勒認為自卑感是所有人都具備的一種正常感覺，只是程度不同而已。以哲學角度來說，當人們希望改善自己所處的地位時就會產生欲求，而人的欲求又是無止境的，可是人類畢竟不可能超越宇宙的博大與永恒，也無法掙脫自然法則的制約，或許這就是構成了人類自卑感的最終根源，而以個人角度來說，自卑感的形成起因在很大程度

上源於生存環境和童年經歷，往往童年時期歷經不幸的人更容易產生自卑感，不過最終形成還是受到個人的生理狀況、能力、性格、價值取向、思維方式、生活經歷等因素的影響。

形成自卑感的原因很多，童年經驗、身體缺陷、能力不足、情感創傷都可能產生自卑感，良好的個人因素對克服自卑有重大的影響，同時它也是建立自信的基礎；這也就是說，當一個人意識到自己的自卑感後，如果激發出彌補不足、追求進步的動機，並且能採取積極行動，就會產生補償作用，從而走出自卑陰影，但是如果補償不當，就有可能形成自卑情結。有自卑情結者，可能有兩種行為反應，一是為了掩飾自己的缺點而不敢面對現實，形成退縮反應，另一種是極度努力尋求另一方面的滿足，藉以掩飾自卑感，稱之為過度補償，往往此時必須透過有計畫性的解決方式，逐步克服自卑心理。

自卑情結的五大呈現模式，看看你符合多少？

從理論角度來說，任何人都可能產生自卑情結，只是受其影響的程度、呈現於外的形式有所不同，而在一般情況下，人們的自卑感表現形式與行為模式可分為以下五種：

1. 孤僻怯懦型

這類型的人常深感自己處處不如別人，做起事來格外謹慎小心，既不主動參與競爭，也不肯輕易冒險，加上他們習慣像蝸牛一樣藏在

殼裡，假使被別人欺負了也是逆來順受，因此不是過著隨遇而安的生活，就是傾向離群索居。

2. 咄咄逼人型

當一個人的自卑感過於強烈時，屈從他人或怯懦行事的方式並不能減輕自卑心理，反而會轉用爭強好鬥的行事方式，因此這類型的人容易脾氣暴躁，動不動就發怒，即便是一件微不足道的小事，也可能讓他們尋求各種藉口向人挑釁。

3. 滑稽幽默型

這類型人會企圖用愉快、滑稽、幽默、自嘲的偽裝方式，刻意掩飾自己內心的自卑。例如當一個人對自己的相貌醜陋感到自卑，遇到他人調侃或談論到相關話題時，就會用自我解嘲或開玩笑的方式加以掩飾，儘管表面上看來他們似乎並不在意，但其實內心仍會感到自卑與受傷。

4. 否認現實型

這類型的人傾向逃避自己的自卑感，他們不願意思考自卑情結產生的根源，並且採取否認現實的行為來擺脫自卑感，有時還會利用藉酒消愁的方法，來暫時求得精神上與心理上的解脫。

5. 隨波逐流型

這類型的人由於過度自卑而喪失信心，總是會竭盡全力讓自己

和他人保持一致，深怕自己表現出與眾不同之處，可能遭到他人的排擠、拒絕或嘲笑，因此他們多半害怕表明自己的觀點，也會放棄自己的見解和信念，只為了爭取到他人的認可，結果就是經常給人隨波逐流、毫無主見的觀感。

上述五種自卑心理的表現形式，都是對自卑感的消極適應方法，也被稱為消極的「自我防衛」。心理學家實驗證實，消極的自我防衛會使人的精力大量消耗在逃避困難、迴避挫敗的威脅上，所以很難把自卑感轉化成突破自我的動力，換言之，克服並超越自卑心理的關鍵點，取決於我們能不能誠實面對自己的自卑感，並且試著做心理建設，利用恰當適合的方式提高自信心，消除自卑感的不良影響。

自信能戰勝許多的不可能

菲律賓政治家羅慕洛（Carlos Po Romulo）是聯合國的發起人之一，也是世界知名的國際事務專家，而很多人對他的第一眼印象是：怎麼個子長得好矮小？早年的時候，羅慕洛常因自己只有一米六左右的身高而苦惱，年輕時還常穿著高跟鞋增高，不過某次被人嘲笑是醜人多作怪後，他也發覺這麼做不過是自欺欺人，於是發誓此後再也不穿高跟鞋，他要用個人的能力與成就來彌補自己外在上的不足。

就在聯合國成立大會的當天，當羅慕洛以菲律賓代表團團長的身分應邀發表演講時，他一走上講台後，眾人隨即哄堂大笑，因為講台高度是按照西方人的平均身高所設計，他一站上去只有兩隻眼睛露出

講台，台下因此充斥著一片笑聲。羅慕洛不慌不忙，神色鎮定地站在講台上，一直等到笑聲漸落，這才突然高舉一隻手並用力揮動著，同時間，他莊嚴地說：「我們就把這個會場當做是最後的戰場！」話音未落，全場頓時寂然，隨之掌聲雷動。

事後，國際新聞媒體報導了羅慕洛在會議上說的一段話：「維護尊嚴，言辭和思想比槍砲更有力量……唯一牢不可破的防線是互助、互諒的防線！」羅慕洛自我分析說，如果他長得高大又英俊，別人一見他就會認為他十分有涵養，因此當他說出那番話時，別人會認為是理所當然，但正因為他其貌不揚，使得別人都認為他涵養不夠，所以當他說出那句話後，反而使人大感意外，而對他刮目相看了。

羅慕洛曾說：「我一生當中，常常想到高矮的問題。我但願生生世世都做矮子。」他的親身經歷告訴我們，一個能成功地將自身劣勢轉化為優勢、擺脫自卑感束縛的人，不僅能實現自我價值與個人理想，也能讓自己的人生擁有不同風貌。從某種意義上來說，能夠克服並超越自卑情結的人，無疑是人生中的強者，因為他們可以戰勝自己的軟弱，更重要的是，他們善於運用心理調節方式，提高心理承受力，強化個人信心。

善用五種心理調節妙招，幫助自己克服自卑情結

普遍來說，當我們想克服自卑情結，避免產生消極的自我防衛，並進一步消除自卑感時，可以利用以下五種調節方式：

1. 補償法

　　強烈的自卑感常促使人們在其他方面有超常的發展，這在心理學上被稱為「代償作用」，意即以補償的方式揚長避短，把自卑感轉化為自強不息的推動力量，例如菲律賓政治家羅慕洛就是經過努力奮鬥，以某方面的突出成就來補償心理上的自卑感。

2. 認知法

　　人的價值追求，主要展現在經由個人努力達到能力所能企及的目標，而不是片面地追求完美無缺，面對自己的弱點、缺憾以及遭遇到的挫折，用理智的態度加以看待，既不自欺欺人，也不將其視為天塌地陷的事情，而是以積極的方式應對現實，這樣便能有效地消除自卑。這意味著，全面性並客觀地看待自己的情況和外部評價，學會接納自己的優缺點，發揮長處，彌補不足，並且體認到人是不可能十全十美的，也不存在著「全知全能」的現實可能性，將能有助於我們化解事事不如人的消極心理，轉而肯定個人的獨特性，增強自信，實現自我價值。

3. 轉移法

　　擁有自卑情結的人，多半會特別注意自己的自卑之處，導致思維與行動都被自卑感牢牢箝制，而忽略了自己在其他方面的優點，因此把注意力轉移到自己感興趣、也最能表現自我價值的活動中，將能緩解自卑心理造成的壓力和身心緊張，往往透過從事繪畫、寫作、收藏、園藝等個人嗜好，就能有效淡化、減輕心理上的自卑陰影。

4. 作業法

　　許多時候，人們會在持續失敗的挫折打擊下，失去對自己的自信心，並且加重自卑感，因此自信心的恢復和自卑感的消除，就必須藉由一連串小小的成功開始累積，往往隨著成功次數的增加，自信心也能跟著強化，只要自信心恢復一分，自卑感的消極體驗就將減少一分。當我們失去了自信心，自卑感揮之不去時，可以採用作業法，方法是先尋找某件比較容易、又有把握完成的事情去做，讓自己重新體驗成功的喜悅，之後再找下一個目標完成，而在同一個時期內，應盡量避免承受失敗的挫折，所以隨著自信心的提高，我們再逐步朝向較難、意義較大的目標努力，如此一來，不斷取得的成功經驗，就能讓自信心日益強大。

5. 領悟法

　　領悟法也稱為心理分析法，一般由心理醫生與專業人員給予協助，具體方法是經由自由聯想和對早期經歷的回憶，分析出可能導致自卑心態的深層原因，以便讓自卑感的癥結點能夠返回到意識層，使得求助者領悟到，原來自卑感並不表示自己的實際情況真的很糟，而是潛藏於意識深處的癥結使然，那麼讓過去的陰影影響到今天的心理狀態，是毫無道理又不明智的，進而逐日從自卑的情緒陰影下走出來。

　　著名成功學大師拿破崙‧希爾（Napoleon Hill）曾說：「醫治自卑的對症良藥就是，不甘自卑，發憤圖強，予以補償。」面對自卑

陰影，我們必須學會自我補償，善於調適心理，並且體認到每個人的天賦不同、處境不同、面臨的機遇不同，成功的程度和方向也不會相同，唯有放下過度比較的心理，肯定自我價值，才能真正實現自我，走出屬於自己的人生大道。

自卑情結你可以這樣用！

① 提醒自己不要沉溺於自卑情緒，避免走入極端的行事作風

自卑感人人都會有，只是自卑的起因、程度、表現形式不同，一個人可能因為自卑而畏縮，甚至自暴自棄，但也可能超越了自卑，卻又陷入自大的陷阱。因此，我們應以坦然的態度面對內心的自卑情結，無論是藉由專業協助或自我審視，只有找出自卑的根源，對症解決，才能避免自己在做人處事上走入自暴自棄或驕傲自大的誤區，與此同時，我們也才能不斷完善自我，創造出美麗的人生風景。

② 利用自卑感挾帶的超越力量，幫助自我成長

每個人總是以他人為鏡來認識自己，然而若是缺乏自信，而令自己對外界評價患得患失，一旦他人對自己的評價過低，就會影響對自我價值的認知，從而過度貶低自己，產生自卑心理。我們要學會不因他人的評價放棄自我真正的價值，客觀看待自己的優缺點，接納不足，轉而發揮並肯定自我的優點，往往就是走出自卑的開始。

Let's test!

你的心胸開闊嗎？

請對下列問題作出判斷。如果你回答「是」，得0分；如果回答「不知道／都有可能」，加1分；如果回答「不是」，加2分。最後總計你的得分，並對照分數說明。

1. 某些人事物是否很容易使你心情不快？

   □是　□不是　□不知道／都有可能

2. 你是否對自己所遭受的委屈一直耿耿於懷？

   □是　□不是　□不知道／都有可能

3. 你是否對像是：有人在捷運上不禮貌地盯著你、袖子沾到湯汁之類的小事，長時間感到懊惱？

   □是　□不是　□不知道／都有可能

4. 你是否老是不喜歡和人說話？

   □是　□不是　□不知道／都有可能

5. 你在做重要工作時，旁人的談話或雜訊是否會讓你分心？

   □是　□不是　□不知道／都有可能

6. 你是否會長時間地分析自己的心理感受和行為？

   □是　□不是　□不知道／都有可能

7. 你做決定時是否經常會受到當時情緒的影響？

   □是　□不是　□不知道／都有可能

8. 你在夜晚時，是否會因為蚊蟲的打擾而心煩意亂？

   □是　□不是　□不知道／都有可能

9. 你是否受過自卑心理的折磨？

   □是　□不是　□不知道／都有可能

10. 你是否時常情緒低落？

    □是　□不是　□不知道／都有可能

11. 與人爭論時，你是否無法控制自己的嗓門，導致說話聲音太高或太低？

    □是　□不是　□不知道／都有可能

12. 你是否容易發怒？

    □是　□不是　□不知道／都有可能

13. 當你心情不好時，可口的飯菜或喜劇片是否也無法改善你低落的情緒？

    □是　□不是　□不知道／都有可能

14. 與別人談話時，如果對方怎麼也聽不懂你的意思，你會不會發火？

    □是　□不是　□不知道／都有可能

結果分析

★23～28分：你一定是個心胸開闊的人。

你的心理狀態相當穩定，能夠駕馭生活中的各種情況。你給人的印象很可能是獨立、堅強，甚至還有點「厚臉皮」，但你不必在意，大家其實都很喜歡並羨慕你的開朗。

★17～22分：你心胸不夠開闊。

你可能比較容易發火，並且會對讓你受到委屈的人說些不該說的話，導致職場、生活和家庭可能出現摩擦與衝突，但是事後你常感到後悔，因為你並不是個心腸冷硬的人。你要學會控制自己，事先盡量多想想，考慮清楚，然後再決定如何對待委屈你的人。

★0～16分：你心胸狹窄！

多疑，愛計較，睚眥必報，對別人態度的反應過於強烈，這是很嚴重的缺點，也會對你的生活造成不利影響，因此你必須盡快自我調整。

華文版 Business & You 完整15日絕頂課程

從內到外，徹底改變您的一切！

大自然為背景，群人、一個項目、案心、一塊兒拼、後一起贏！古〈華山論劍〉，有〈BU齊心論〉，「齊心」的是互相認識，家充份了解，彼會心理解，擰成股繩兒，一條鞭也！

以《BU藍皮書》《覺醒時刻》為教材，採用NLP科學式激勵法，激發潛意識與左右腦併用，BU獨創的創富成功方程式，可同時完成內在與外在的富足，含章行文內外兼備是也！

以《BU紅皮書》與《BU綠皮書》兩大經典為本，保證教會您成功創業、財務自由之外，也將提升您的人生境界，達到真正快樂的人生目的。並藉遊戲式教學，讓您了解DISC性格密碼，對組建團隊與人脈之開拓能力均可大幅提升。

以《BU黑皮書》超級經典為本。手把手教您眾籌與商業模式之T&M，輔以無敵談判術，完成系統化的被動收入模式，由E與S象限，進化到B與I象限，達到真正的財富自由！

$$\begin{array}{c|c} E & B \\ \hline S & I \end{array}$$

以史上最強的《BU棕皮書》為主軸，教會學員絕對成交的祕密與終極行銷之技巧，並整合了全球行銷大師核心密技與642系統之專題研究，堪稱目前地表上最強的行銷培訓課程。

接建初追轉

1日
心論劍班

2日
成功激勵班

3日
快樂創業班

4日 OPM
眾籌談判班

5日市場ing
行銷專班

以上 1+2+3+4+5 共 **15** 日 BU 完整課程，
整合全球培訓界主流的二大系統及參加培訓者的三大目的：

成功激勵學 × 落地實戰能力 × 借力高端人脈

建構自己的魚池，讓您徹底了解《借力與整合的秘密》

魔法講盟

區塊鏈國際
認證講師班

錯過區塊鏈，將錯過一個時代！馬雲說：「區塊鏈對未來影響超乎想像。」錯過區塊鏈就好比 20 年前錯過網路！想了解什麼是區塊鏈嗎？想抓住區塊鏈創富趨勢嗎？

區塊鏈目前對於各方的人才需求是非常的緊缺，其中包括區塊鏈架構師、區塊鏈應用技術、數字資產產品經理、數字資產投資諮詢顧問等，都是目前區塊鏈市場非常短缺的專業人員。

魔法講盟 特別對接大陸高層和東盟區塊鏈經濟研究院的院長來台授課，**魔法講盟** 是唯一在台灣上課就可以取得大陸官方認證的機構，課程結束後您會取得大陸工信部、國際區塊鏈認證單位以及魔法講盟國際授課證照，取得證照後就可以至中國大陸及亞洲各地授課＆接案，並可大幅增強自己的競爭力與大半徑的人脈圈！

未來幾年最稀缺的資源——區塊鏈人才＆老師
那要如何證明你是區塊鏈的老師、專家、高手？
「證照」便是最好的證明！

邀請您跟上趨勢賺大錢，由專家教練主持，
即學．即賺．即領證！
一同賺進區塊鏈新紀元！

查詢 2020、2021 年開課日期及詳細授課資訊，請掃描左方 QR Code，或撥打客服專線 02-8245-8318，或上新絲路官網 silkbook○com www.silkbook.com 查詢